★ ★ ★ ★ ★

秒　讚

奧美文案女王教你寫入心坎，
立刻行動的文案力

BRAVO!

奧 美 前 首 席 文 案 總 監

林桂枝

本書所得個人收益將全部作為公益用途，在此感謝你的支持。

推薦語

. . .

你覺得寫好文案難嗎？有什麼方法，可以寫出高含金量的文案呢？在還沒看這本書之前，我本以為寫出好文案，需要天賦、靈感，技巧很難，不容易學會。不過，本書作者竟然將文案的方法，一一詳細解析、參透，並且提供全套的方法、案例、指引。只要看過這本書，再加以刻意練習，你很快就會是文案高手！

——大大學院創辦人　許景泰

林桂枝是我的第一個老闆，也是我的老師，我跟她學到的東西不只有廣告，這本書也不只是教你寫文案。

——《吐槽大會》、《脫口秀大會》策劃人　李誕

請不要把這本書誤認為是隨處可見的各類文案手冊、速成寶典、招式大全。書中有對文案與廣告傳播原理的深刻洞察，介紹了大量實在可用的文案技法，更重要的是，桂枝清楚地講透了這些「技法」背後的創作「心法」——讓寫文案真正「不難」的，正是這些「心法」。書裡不光有鮮活的實例，更有桂枝親自撰寫的大量示範——同樣是一句「限時下單，只需 8.99」，桂枝會告訴你，她會怎樣來寫。

——知名創意人、作家　東東槍

一直喜愛桂枝為「Norlha」這個品牌所寫的文案,真是和產品和形象,甚至顏色都那麼對味。雖說這是桂枝的老本行,但亦看到她在這一行的功力。難得桂枝願意把一身功夫詳細、引導、舉實例地寫下和大眾分享。我們如今就活生生地生活在一個「廣告」世界裡,從宣傳的認同中我們可以更認識自己。這本書來得正是時候。

——電影人　張艾嘉

《秒讚》中有海量創意思維的捷徑招式,可以現學現賣。對於那些希望夯實基本功的文案,這本書中有必須學會的知識及磨練的方法。建議文案必讀!

——奧美大中華區董事長、WPP 集團大中華區董事長　宋秩銘

林桂枝是一位專業的鑽石切割大師,她的這本《秒讚》會將你打磨成一粒閃亮的鑽石,讓你從業餘變成專業!這是一部難得的作品,也是我見過的最好的一本創意相關的書,值得所有文案仔細閱讀。

——台灣奧美集團首席策略顧問　葉明桂

我會推薦身邊所有做電商的朋友讀這本書。因為這本書用最簡單直白的語言和豐富的案例,揭示了一個容易被人忽略的本質問題:用戶需要什麼價值或服務?再結合桂枝多年對市場、消費者以及文案工作本身的深入理解,對剛接觸文案與品牌的朋友來說,這本書無異於超強版武林祕笈,立即能用上!

——京東消費品事業部採銷經理　李智

被譽為「文案女王」的桂枝把她在廣告創意方面的深厚功力都沉澱進這本書了。這本書告訴大家如何當一個好文案，無論你是文案新手，還是高手，都可以在其中找到豐富的知識提高自己。這本書裡有太多可以拿來就用的好例子，體驗「文案不難」的妙處。我們都需要一本在手。

——滴滴出行市場總經理　王家杰

桂枝說，寫文案能讓人學會思考。同樣，懂得思考才能寫好文案。她在我心裡，是一位文案大神，更是一位思考者。她常常能夠抽絲剝繭，找到人心的線索，再以文字表達，勾人魂魄。影片時代時間更加碎片化，資訊更加爆炸，要在複雜的資訊裡脫穎而出，對於捕捉人心的要求更甚。桂枝在這本書裡提到如何讓更多人看你的影片，她選擇了一個直覺告訴她的詞叫「direct」，同樣也是對人心的敏銳捕捉。縱使形式千變萬化，然而恆久遠的是，心靈捕手能做出最好的表達。

——快手科技市場副總裁　陳思諾

能寫文案的人很多，會寫文案的人很少。文案需要一筆一劃地積累，更要有前輩的言傳身教。桂枝是我非常崇敬的文案大神，她的這本書裡，不僅有高屋建瓴的品牌思考，還有看完就能上手的實戰應用，手把手教你從一個標題、一張海報開始，培養出一個文案的思維，慢慢地讓自己的文案一鳴驚人，一字千「金」。

——天貓品牌行銷策略專家　顏祖

CONTENTS
目次

文案，是一種生活態度

．．．

歐陽立中
爆文教練／暢銷作家

你聽過「三顧茅廬」的故事吧！為了一匡漢室，劉備帶著關羽、張飛前往隆中，拜訪隱居的諸葛亮，請他輔佐自己。第一次拜訪，吃了閉門羹；第二次拜防，還是沒著落。張飛氣到吹鬍瞪眼，但劉備知道等待的力量。終於第三次拜訪成功了，諸葛亮答應出關，並獻上「隆中策」，羽扇一揮，奠定三分天下的局面。

一個故事的解讀，端看你從什麼角度切入。對於主管而言，他領悟到禮賢下士，才能網羅人才；對於求職者而言，他的理解可能是，只要你有才，就不怕會被埋沒。但最可怕的是曲解，如果你需要銷售商品，卻以為只要商品好，不怕沒顧客上門。那對不起，關門大吉是你最後的結局。

在這訊息量爆炸的時代，滿街都諸葛亮，沒有酒香不怕巷子深這回事。比起等待三顧茅廬，你必須學會「毛遂自薦」。還記得毛遂自薦的故事嗎？戰國時代，秦國猛攻趙國，趙國向平原君求援，於是平原君決定挑選 20 個高手，陪他一同說服楚王。挑來挑去，還差一個遲遲選不出來。這時，毛遂自告奮勇推薦自己，但平原君陷入遲疑。毛遂怎麼說？他是這麼說的：「我就像是一根錐子，正要放進袋子裡。如果以前就放進去，早就破袋而出了。」最後平原君被說服，選入毛遂，而他也不負眾望，成功完成任務。

對，在商業市場裡，平原君就像是顧客，他有太多商品可以

選擇，琳瑯滿目、目不暇給。而你的商品，就像當初沒沒無聞的毛遂。唯一能說服顧客的方式，就是「文案」。

市面上文案的非常多，最常見的就是給你一堆公式套語。你只需要代換商品、修改數字，文案就能登台亮相了。當然，這不失為一種方法，因為簡單快速易複製。但你仔細回想一下，每天回到家，打開信箱，湧出的廣告傳單，你都怎麼處理呢？是仔細看過，還是丟進垃圾桶呢？你用手機打開臉書，瀏覽朋友動態，此時，廣告不時穿插其中。你又是怎麼做呢？是不是直接手指一滑，當沒看到？對，這就是文案難的地方，因為人腦彷彿內建廣告過濾器，只要一察覺那些常見廣告用詞：特價、必買、限時、暢銷……就會自動屏蔽。因此公式套語只能讓你自我滿足，卻無法打動消費者。

林桂枝《秒讚》是我認為獨具一格的文案好書！她是奧美前首席文案總監，累積了20年的文案經驗和作品。《秒讚》這本書，是她把20年的文案內功，變成一套系統化的作法，讓文案小白也能寫出大神級的好文案！

我最認同《秒讚》的地方，在於桂枝對於文案的出發點，不是公式套語，而是「讀者心裡」。當你一股腦兒只想要客戶掏錢下單，把他們當提款機，那麼寫出來的文案自然就市儈又功利。但《秒讚》的文案思維，是把客戶當「讀者」，把文案當「交友」。所以她告訴你的文案心法是：「你必須讓對方說話。」、「寫標題像交朋友，不坦承，沒朋友。」、「你的哭聲，就是向全球發布的第一篇文案」、「文案從來不離生活，你必須當一個生活觀察家。」、「文案需要八卦，需要留心聆聽別人說話。」我非常喜歡《秒讚》對於文案的洞察。文案的終極目的是要讀者買單沒錯，但文字溝通的過程，三流的人會選擇市儈粗暴，一流的人會選擇交心共鳴。前者讓客戶轉身離開，而後者讓客戶心甘情願。而你嚮往的是哪一種呢？

我想起，曾經有人問廣告大師奧格威說：「你怎麼有辦法寫出這麼好的汽車文案？」奧格威的回答很妙，他說：「我只是想像我坐在沙發上，跟我的好友聊這輛車子。」對，人們不是討厭

文案，而是討厭沒有情感、只有利益的廣告。

　　當然，別以為《秒讚》只是空談文案思維，在你對文案有正確的認識後。《秒讚》才拿出壓箱寶，讓你盡情選用。像是「社群文案標題 27 招」、「電商文案寫法」、「品牌文案技巧」、「多角度思維文案法」等。每一招每一式，在你有了文案的靈魂後，套路架式才不再只是空殼，而是招招渾勁、式式帶情。

　　如果你是電商，把《秒讚》當文案書來讀，再合理不過；但如果你不是電商，請你也要讀《秒讚》，並把它成一種「生活態度」來讀。對，你就是品牌、就是商品，你很有料，但你準備好為自己寫篇好文案了嗎？讀完《秒讚》後，我準備好了！

無處不是術，無處不是道

. . .

東東槍
知名創意人、作家

《秒讚》是一本只有桂枝才能寫出來的書。

對文案與廣告傳播原理的深刻洞察、準確理解，是一種即便是在廣告從業者中也堪稱稀有的能力，需要有足夠的經驗與長期的思考才能獲得，而耐心地搜集樣本、撰寫示例，不厭其煩地細心歸納、認真剖析、誠懇表述，則更是很少人願意去下的苦功夫。

好在有桂枝。她既有業界一流的深厚功力，又肯投入心血，把這些來之不易的經驗與心得寫出來。這本書因此變得珍貴。

請不要把這本書誤認為是隨處可見的各類文案手冊、速成寶典、招式大全，我翻閱過不少那樣的讀物，坦白地說，那些作者中的大多數人自己都還沒有正確地入門，他們總結出來的各類妙招也往往言不及義——好比你拿到一份名為《成為一線明星的7個祕訣》的祕笈，打開一看，裡頭的7個祕訣是：「1.要長相甜美；2.要個性鮮明；3.要才藝出眾；4.要造型獨特；5.要令人喜愛；6.要保持神祕；7.要製造話題。」這樣的祕訣有錯嗎？沒錯。有用嗎？沒用。為什麼？因為對表象的總結不能代替對本質的剖析，披一件羊皮襖學幾聲咩咩叫和複製一隻綿羊是截然不同的兩件事。

這本《秒讚》不同。桂枝不僅在書中介紹了大量實在可用的文案技法，更重要的是，她清楚地講透了這些「技法」背後的創作「心法」——讓文案真正「不難」起來的，正是那些「心法」。所以，我覺得這本書有兩種讀法，你既可以把它當作一本效果立

竿見影的文案實操指南、一本創作技巧大全；也可以慢慢品讀，
細細琢磨每一個招式背後的功法和道理，修煉自己的內功。

這是一本「術中有道」的書。無處不是術，無處不是道。而
這些術、這些道，又都是憑藉一個個真實、具體的文案實例和創
作示範來講清的。是的，這本書裡，不光有鮮活的實例，更有桂
枝親自撰寫的大量示範——同樣是一句「限時下單，只需 8.99」，
桂枝會告訴你，她會怎樣來寫。

但也請你一定不要錯過書中那些每一句都閃著光芒的點撥
——「每一個主觀的人都希望用客觀的方法來證實自己主觀的正
確」、「恐懼是欲望的天然伴侶」、「複雜比簡單簡單得多」、「多
熱鬧的文案，也從孤寂而來」……很多句子都值得深思，不容滑過。

以前在桂枝身邊工作時，她經常會來到我的座位旁，搬把椅
子坐在一邊，和我一起對著電腦螢幕，逐字逐句地討論、優化文
稿——不只我，很多當時的文案晚輩都曾享受過這種待遇，包括
李誕。後來，我曾跟一些無緣與桂枝一起工作的年輕同行提起這
樣的經歷，他們大都露出羨慕的神情。而在這本書裡，我又看到
了那個不厭其煩、跟大家一起字斟句酌、偶爾一句話就幫你道破
天機、順手幫你增長幾成功力的桂枝。

從這個角度來講，這本書太像桂枝了。或者說，太像我認識
的那個桂枝了——不廢話，不客套，乾淨俐落，踏實細緻，熱情
真摯，棱角分明。

我一直暗自慶幸，當年剛剛進入這個行業時就在桂枝手下工
作。我自己做文案這一行的「基本修養」，有一大部分是從桂枝
那裡學習到的。對我來說，桂枝代表了一種可能——我最早是從
她這裡看到，原來一流的創意工作者並不一定要招搖浮誇、不稼
不穡、頂花帶刺、張牙舞爪、高談闊論、怪狀奇行。

還是開頭那句話，《秒讚》是一本只有桂枝才能寫出來的書。
這個世界上有很多出色的文案創意工作者，他們各有成就、各顯
鋒芒、各領風騷，但是，桂枝是桂枝。

桂枝的文案之道

. . .

宋秩銘
奧美大中華區董事長，WPP 集團大中華區董事長

　　桂枝離開奧美後每次與她吃午飯，她叫菜總是很隨便，看一眼就下單。一個不在意點什麼菜的人，可能心思都用在別的地方，用在她自己認為更重要的事情上了。

　　不知道這本書是不是她重要的事情之一，反正我沒想到她會寫一本文案工具書，更沒料到她會列出那麼多條目和句型。這不像她的風格，好像也違反了她的一貫宗旨，因為她內心一定不會認同寫文案是靠套句型。讀畢這本書，我終於明白她為什麼這樣寫了；她在書中反覆強調：要讓產品的承諾與對方的渴望完美相遇。

　　今天的人們喜歡吃速食，渴望寫文案可以變得輕鬆一點，所以這些條目自有存在的價值。社會與科技變革的速度實在太快了，文案在追趕變化的同時，都逃不了一些感同身受的現象，那就是速效主義——什麼是熱點，誰正是網紅，誰帶貨最管用。回到品牌經營的角度，速效主義可以贏得短時間的博眼球，卻不是建立品牌的長久之道。

　　話雖如此，文案面對排山倒海的工作，確實很難有富餘的時間安靜下來踏踏實實去思考與提高。這本書裡提供了不少具有創

意思維的捷徑招式，可以現躉現賣；對於那些希望深耕、夯實基本功的文案，書裡也提供了大量必要的知識以及磨煉的方法。還有很多值得琢磨的短句子，親切而有趣，星星點點說出文案的精髓，我相信，這是作者寫得最愉悅的部分，也足見桂枝對文案的理解與熱愛。

吃什麼你就是什麼。桂枝對思維的營養補給一點都不隨意，我在書裡就看到她引述奧美的羅里・薩特蘭的話，感受到她浸潤了國外市場學專家的思想，當然還有她個人的感悟和多年實踐的經驗。

文案不難，這是她由衷的話。熱愛加上正確的方法，一定不會難。這本書將賦予你掌握文案之道的捷徑，至於是否熱愛，就看你自己了。

從新手到高手，就看這本書

. . .

葉明桂
台灣奧美集團首席策略顧問

　　林桂枝，奧美的王牌文案，業界的紅牌創意，同時也是職業
隊的止牌講師，這本書是她的傑作！

　　《秒讚》是難得的作品，是我見過的最好的一本與創意相關
的書，值得所有文案，無論新進老練，仔細閱讀。它的特點：

　　第一，節奏感。

　　內容豐富，所有文案該知道的學問都有。按部就班地介紹各
種文案的內容是什麼，如何做以及為什麼這麼做，全是一位經驗
豐富的師傅才有的心得。

　　第二，易消化。

　　業界許多精英也許經驗豐富，滿腹知識，但根本不會教導，
只會指導，雖然能寫一本標準作業手冊，卻無法創作一本好消化
的教材。只有懂得如何教的資深老師，才能將複雜的實務化為簡
單易懂的知識。

第三，多細節。

專業就是在一個領域有比一般人更精緻的想法與做法，而《秒讚》充滿太多「知難行易」的專業細節、數不清的範例、講不完的故事，來自一位長期在第一線真正將專案落地的資深文案。

一個未受過專業訓練的文案，即使具備才情，也只是一個未經過精細切割的鑽石礦石，終究還是一塊石頭。林桂枝是一位鑽石切割大師，透過研讀她的書，你會被打磨成一顆閃亮的鑽石，從業餘變得專業！

好的指導讓你走得更遠

. . . .

鄧志祥
奧美大中華區前創意擔當
香港中文大學廣告碩士課程導師

　　寫嘢其實無得教。這句廣東話，是我的口頭禪，意思是：寫文案，其實是沒法教的。

　　為什麼？因為，心中沒有，筆下也不會有。文字技巧可以學，但洞察卻要靠自己。我常說，做創意要有遊戲的心，什麼都覺得有趣，才會投入；抱海綿效應的態度，才會對周遭的人和事有好奇心，才會吸收到新或舊的事物。所以，重要的事情再講一遍：海綿效應，遊戲的心。

　　寫文案除了沒法教，基本上也沒人教。1978 年我入行的時候，創意大頭都是外國人，其他的本地資深人員也忙，頂多會看一看你寫的文案，篩走一下沙石，絕少時間會幫你分析概念和切入點。而事實上，也沒有什麼好分析的，因為我早期負責的工作，不外乎是將美國運通信用卡的會員通知由英文譯成中文，就像我當時的名片所示，我就是一個中文撰稿員。

　　雖然當年的奧美是一家極重視培訓的廣告公司，但所有的案

例都是英文的，對我這個初入行、英語能力半桶水的人來說，這些培訓只是杯水車薪。

今天，你們都很幸運，既有不少的中文案例，又有資深而又出色的創意大師，將畢生功力編寫成書，不吝所學與大家分享。假若當年我能夠看到這些工具書，成績也不會止於此。

寫文案雖然難教，不過透過這本書裡好的指引和啟發，再加上耳濡目染，一定能讓你得益。

——廣告已經唔識我，我已經唔識廣告的 CC Tang

（廣告已經不認識我，我也已經不認識廣告的鄧志祥）

讓人秒讚旳好文案，看完就不難寫

・・・

致讀者

怎樣能寫出好文案？有人說靠靈感，有的說要有天賦，更有一些人說，寫文案，根本不存在任何方法。

我以為上述看法全部是誤解。寫好文案，是有方法的。

無論你不知道要寫什麼，繼而不清楚該怎樣寫，還是感到自己寫不好，或不懂得如何才能寫好，這些問題都可以解決。只要找到正確的方法，你一定可以寫好文案，當好文案。

對於那些只希望學會怎樣寫文案的人，本書會超越你的期望；假如你不滿足於學會怎樣寫，而是對自己有更高的要求，那麼此書對你可以說是最為合適的。

這裡呈現給你的是我個人在國際頂級廣告公司當創意主管和首席文案多年的實踐心得，囊括了各種寫好文案的心法與技巧。

假如你想贏得秒讚，在經濟報酬和工作滿足感方面有所收穫，那麼就讓我們馬上開始，用上好方法，寫出好文案。

記得有一回客戶問我：桂枝，你的文案是怎樣寫出來的？我說，多年來我就靠這三個字：寫呀寫。寫呀寫有幾重含義，第一是不否定任何想法；第二是讓這一遍的寫，為下一遍做好充分準

備，累積知識與技巧；第三是靠寫呀寫換取經濟報酬，偶爾收穫超越金錢的快樂和滿足感。

社群媒體文案、影片文案、海報文案應該怎樣寫？

我寫本書的其中一個目標是希望它能成為你的案頭工具書。因此，我在社群媒體文案、影片文案、海報文案的章節中使用了大量的例句。這些例句，與其說是應用方程式，不如說是寫文案的創意酵母。我建議大家在閱讀的時候可以相互借鑒，互換每個章節的實例。例如，社群媒體的例句可應用於電商海報，影片文案例句的思路能轉化為社群媒體標題，不需要對號入座。每當你思路閉塞，臨近交稿的時限之際，不妨隨意翻翻，或許能從中得到啟發。

什麼是文案的基本認知？

寫文案跟做其他事情一樣，必須對事物具備基本的認知，正如我們從事商業推廣文案的人，第一步需要知道什麼是品牌。

品牌是否等於一個 Logo 加一句口號？品牌是否就是商品？我們應該如何認知產品思維和品牌思維？認知品牌如何幫你站得高看得遠？對於成天忙碌而寫不出文案的電商小店掌櫃，可以怎樣建立品牌，實現夢想？我希望看完有關品牌的章節，你可以獲得當文案的底層思維——知道什麼是品牌，學會講品牌故事的方法，從而有更深刻的認知，思考自己從什麼地方出發，透過文案能將品牌帶往何處。

除了品牌這個大詞，當文案的還有一個基本面不能不思考，那就是到底什麼是文案，文案的工作本質是什麼？我給大家的不是紙上談兵的假定和建議，也不是教科書式的教條，我只是透過多年做創意及寫文案的經驗，告訴你什麼是文案，什麼人適合當文案，甚至怎樣可以成為好文案。只有理解文案的本質，才能看得一清二楚，排除工作中不必要的困惑。

修煉內功你需要什麼心法？

從第 8 章到第 14 章是內功心法篇。我建議希望升維的朋友從靈感一章開始閱讀，看完後你會知道靈感到底藏在哪兒，如何透過刻意練習做到靈感如泉湧。

從心語一章中，你能學會如何培養工作的好習慣，用最高效簡捷的方式寫文案。

溝通技巧章節為你闡述淺顯易懂的溝通之道，從怎樣跟人聊天到如何輕鬆寫文案，篇幅不長，卻希望你能舉一反三，將這些方法應用在自己的工作當中。事實上，文案就是日常對話，不需要華麗的辭藻和刻意的堆砌，瞭解並尊重對方是溝通的有效辦法，也是寫文案的好方法。

我一直認為寫好文案的大招是學會從不同的角度思考，四兩撥千斤。我在思維升維一章中舉出了好些例子，只要加以融會貫通，我相信能幫助你在工作中做到遊刃有餘。

Kiss 的要義是刪除多餘，只要最好。這項文案執行面的基本功不單有利於寫文案，應用在生活中，同樣有益。

洞察是培養文案思考力的基本功。洞察也是個人詞，書中說明的是宣傳推廣的洞察，你可以從中學會必要的元素，在案例中學習如何從大數據收穫洞察，寫好文案，水到渠成。

時代效應章節中提及了品牌廣告與直銷廣告的區別，希望能對一些宣傳的基本認識做一番理解，加上對今天這個時代的一些個人觀察，令大家明白好文案必須依附於時代，並駕馭這個時代。

好文案必須擁有什麼工具？

雖然許多人在工作中不再使用簡報，我卻認為簡報不可或缺，應該更受重視。沒有在第一步使用簡報理清思路，是反覆修改、加班加點，甚至工作灰心喪氣的根源。先解決寫什麼，後琢磨怎樣寫，是我多年以來堅持的工作原則；用好簡報，是少走彎路的前提，更是輕鬆寫文案的基石。本書附上 4A 廣告公司的簡

報範本，同時將其提煉為互動方案和電商文案版本，方便你拿來即用。無論你要寫哪一類文案，我建議你必須回答簡報中的問題，用好此工具。

今天，影片製作愈來愈普遍，書中相關的章節寫下了大家應知應會的知識，例如文案常會遇到的畫面感問題、時間的掌控、拍攝前期的須知、預算與調性的把握等等。這些內容都是實操指南，需要拍影片的文案都能用得上。

多年來，我看到不少人因為不懂得提案技巧而白白吃虧，令工作成果無端大打折扣。假如大家最近有提案，不妨參考最後一章的提案要領，再看看總結的提案七宗罪，讓自己精心準備的工作獲得理想的結果。這一章的建議看上去淺顯，但事實上，愈是基本的東西應該愈淺顯，而且更應加倍重視。這一章的內容輕鬆易讀，是文案必備的工具之一，更是唾手可得的提案妙招。

總而言之，我在本書中分享的是我過去寫下的每一筆積累的成果。假如我多年的寫呀寫能幫助你獲得「秒讚」，我定將感到榮幸與欣慰。

林桂枝

CHAPTER
01

想要別人看你的影片，
先看這 24 招

我總覺得世間的人和事都有一種特殊的財富，這種財富不是物質的，而是語言符號。例如，豬八戒的財富是「塵世」，「這廂」是西門慶的專屬資產，
「那廂」歸薛蟠所有，莫札特擁有「金扣子」，大蔥擁有「薄衣袖」，蝦餃永遠在「微笑」，
我的已故好友牆先生（Mr. Wall）人如其名，是拔地倚天的一道牆。
這是我自己沒事找樂子，並讓我浮想聯翩。

還有，我覺得「拇指」這個詞屬於手機，而手機中的影片有一個英語單詞叫
「Direct」。
這種遊戲似乎來自我的直覺。
只是從直覺出發後，又能從中發現若干理由，好像是受到理智與邏輯的驅使。
到底是直覺的感性還是邏輯的理性，已經分不太清了。

「真正看見始終是內在的事。」
　　　　　　　——喬治・艾略特

英語單字「Direct」高度概括了影片的方方面面。作為動詞，Direct 有直達、直接、不拐彎的意思：

- 影片讓一切來得直接，立現眼前；含蓄已成過去，委婉不在今天。
- 影片讓我們直接得知家事國事天下事，直接學會原來不懂的，徑直消磨光陰，從影片中直接觀察商品的每個角度，決定是否下單。一切直接不拐彎。
- 人人都能簡單直接秒拍自己與身邊的事物，不需要中間人便能即時傳遍世界。

作為名詞，Director 指導演和主管：

- 手機的拍攝功能與各種軟體，令影片拍攝變得日益簡單，人人都能當導演。過往導演是稀有物種，今天的導演如滿天繁星。
- 人，不僅導演自己的影片，更主導自己在世界上的角色。

相貌普通的女生成為流量 UP[1] 主，在鏡頭面前從醜變美；
素人小夥子試吃各種稀奇的進口海鮮，便能贏得無數掌聲。

查看《牛津英漢詞典》，我們可以找到 Direct 這個單詞更豐富的含義。這些詞義不僅與時代息息相關，更提醒我們寫影片文案的關鍵點。

影片文案關鍵點

直接、中間沒有其他因素——你必須知道誰在看你

千百萬的點擊量是由千百萬人一個一個累積而來。每個人都是單一的個體。你發布影片，他看到，中間除了審核的環節，幾乎沒有其他因素阻礙你與觀眾的溝通。影片與觀眾之間的關係是直接的，面對面的，一對一的。

你與觀眾一對一的關係意味著觀眾就在你的眼前，你必須看清楚對方。

- 他是誰？
- 他心裡在想什麼？他到底需要什麼？

針對、對準、指向某一目標——你必須知道對方內心渴求什麼

平台採用大數據有針對性地推送內容，實現精準行銷與推薦。對象精準，影片主就可以創作更適合觀眾的內容。在寫影片標題的時候，我們需要考慮：

1　編按：在影片網站、資源網站上傳影片、音訊、其他資源的人。

- 對方想要什麼，你可以如何滿足他的渴求？
- 他需要解決什麼問題，你可以為他提供什麼方法？

直率、直言——你必須讓對方說話

Direct 時代，觀眾的反應直接坦率。他們會以任何形式點評和議論，彈幕也好，留言也好，他們有話便說，而且喜歡互動。

我們需要注意：

- 他對你的影片有什麼反應？
- 以秒速的互動回應他。

隨機存取——你必須明白大腦這個終極媒體

手機像個包羅萬象的影片存取一體機，你可以隨時、隨地存放與觀看影片。手機裡的影片數量如恒河之沙：社群媒體應用、新聞資訊應用、影片娛樂應用，還有吃的、玩的、穿的等垂直類應用。今天有快手、抖音、B 站，未來還會有更多、更新、娛樂性更豐富的影片。

海量影片隨機存取，裡面卻埋藏著一些樸素的道理：

- 無論平台有多少，新出的應用有多酷，請不要被數量與潮流嚇倒。今天的平台與應用，與傳統的電視、廣播、紙媒一樣，都僅僅是傳播的管道。真正的終極媒體只有一個，那就是我們的大腦。
- 隨機存取時代，無數影片與你的影片搶眼球。文案必須對終極媒體，也就是人的大腦有更深刻的理解。
- 不同的平台與應用有不同的特性，請選擇適合的平台和應用與觀眾對話。

大家便是你我他，要從大家中分出你、我、他。

從面到點，由淺入深，就是瞄準。

兵貴神速，打勝仗不「快」就是「敗」。

除了我們的大腦，也找不出別的終極媒體了。

當即、立刻——你必須抓好第一印象

第一印象是你唯一的機會，你的第二次機會在下一個項目。

據說面試官一般在面試開始後的 40 秒內就會做出判斷，決定是否聘用一個人。40 秒，決定一個人的前程！你的影片面臨相同的命運，會被觀眾一眼裁決。人們瞄一眼影片，喜歡就接著看，不喜歡便直接跳過。看與不看，就看第一眼。

主管、導演——你的標題必須要與對方相關

資訊民主化，令人們可以主導自己看什麼，拍什麼，傳什麼，每個人都是自己的主人，主管自己手中的資訊。

我的生活我做主，人們變得更自我，更在意自己，更關心與自己相關的利益與事物。

在個人意識極度膨脹的今天，寫出「與對方相關」的標題是影片文案的第一要領。

要為對方帶來積極的改變，給對方益處，幫助對方變得更高、更強、更美，迎合個體的內心需求。

怎樣寫影片標題

說真話

《我很醜，可是我很溫柔》是趙傳的一首老歌，歌名用的就是「說真話」手法。歌手對相貌的自嘲，是把自己的真心交出去了。這種交流是一對一、面對面的。寫影片標題，我們可以向趙傳老師學習，不務虛，說真話。

例如，網上一位美食 UP 主寫了一句這樣的標題：

豆汁難喝到連北京人都不喝，來晚了卻沒得喝！

把觀眾當作哥們兒，才會說出豆汁難喝的真心話。觀眾看見這樣的標題，會因為這種真誠而多看一眼。不好吃的不說香，不好看的不說美，有話直接老實說，是寫標題的一個好辦法。

例如，我們要介紹不起眼又不貴的零食，不妨以人們的真實看法為出發點：

有哪些大家以為 Low，卻絕對美味到爆的零食？

「大家以為 Low」是以事實為誘餌，美味的零食才是影片內容的重點。說出它的 Low，是一種真誠又真實的態度，這種態度甚至可以擴大到個人的狀態與心情。

- 我累了，今天給你做一個懶癌患者的鰻魚飯。
- 我爸爸的地方風味的英文快把我笑死了！

寫標題像交朋友，不坦誠，沒朋友。

世界並不完美，也不存在完美的人。UP 主感到累了，爸爸的英文有地方口音，都是事實。坦率說出真心話，對方會因為你的真誠而接受你的影片。

特寫鏡頭

影片可以實現精準推送和行銷。資訊就像放置在無人機之中，能夠從空中直接瞄準對方。既然目標更精準，我們便可以利用大數據，讓對方感到影片與自己息息相關，不容錯過。

在快手上我看到這樣一支影片標題：「顯高的穿衣效果」。相信這條影片是推送給那些關注穿衣打扮的人。讓我們想一下，誰需要顯高的穿衣效果？答案一定是那些身材較矮小的人。

原標題：顯高的穿衣效果
新標題：150 ~ 165 的女生怎樣變高䠷？

你覺不覺得原標題像是一個寬景鏡頭，裡面隱隱約約有一群人站在露天咖啡館前。由於取景太遠，我們沒法看清楚人群的特徵。

　　新標題的敘述是把鏡頭從遠處拉近，聚焦人群中的一位女生。用特寫鏡頭，讓我們可以近距離看清她，她上穿一件短上衣，下穿長筒褲，身材看起來很修長。事實上，這個女孩長得不高，只有 160 公分。

　　假設一支叫車軟體的故事性影片的宣傳目的是針對白領女性，推廣該軟體的安全性，標題是「女白領安全回家」。

　　這個標題的目標對象十分明確。我們不妨將目標再拉近，瞄準最需要安全護送的女白領。

　　誰最需要安全護送？是上班的女白領，下班的女白領，還是晚上加班的女白領？女性怕黑，晚上加班後叫車，令不少女性感到膽戰心驚，加上一些女性受侵犯的案件一般都發生在晚上，所以「加班女白領」比「女白領」更聚焦。

　　把鏡頭再拉近，再聚焦，把「加班女白領」變為「加班的白領小女生」。

　　原標題：女白領安全回家
　　新標題：放心吧！加班小女生 100% 安全到家了

　　將女白領改為加班小女生，是心理層面的推進。加班的小女生更弱小，路途中更需要安全保障。所以，女白領是遠景鏡頭，加班小女生是近景拍攝。

　　新標題中的「100% 安全到家了」，用數字 100% 加強了安全性。語氣上的修改更貼近觀眾的心理需求，就像拍一下對方的肩膀，叫對方安心、放心。

　　我發現廣告影片經常會用一些比較含糊的標題。例如，一家保險公司投放了一支小孩教育保險金的影片，標題是「為孩子的未來教育做好準備」。這個標題的寫法有點像遠景拍攝，裡面看到的是一群人，而不是對準一個人。

原標題：為孩子的未來教育做好準備

新標題：上幼稚園了，要準備好寶寶長大念長春藤盟校的學費！

　　一支教育保險金的影片，目標對象明顯不是孩子，而是孩子的父母。許多家長在小孩進學前班和幼稚園的時候特別關注孩子的教育。所以，將標題聚焦為上幼稚園孩子的家長，是將鏡頭拉近，把遠景變為特寫。再把父母望子成龍、望女成鳳，希望兒女進長春藤大學的願望點明，將焦點進一步拉近，使目標對象更生動逼真，就像看到家長們緊張兮兮的樣子。

　　我們看到，原標題的目標對象是含糊不清的。「為孩子的未來教育做好準備」說的是產品提供的好處，還是勸告父母要為孩子未來的教育做好準備？好像兩者皆有。原標題到底是跟誰說話，說什麼話，文案沒有考慮清楚。

　　跟人說話溝通，不能目中無人，寫影片標題更需要與對方近距離交流。好好看清楚對方是誰，他的特徵是什麼，再從他的特徵推敲他的需求。

看得更近，局部才能看得更真。

變變變！
....

　　歐巴馬說：「想要改變，我們不能等待別人，也不能等待時間，我們就是我們要等待的人，我們就是我們要尋找的變化。」

　　托爾斯泰說：「人人都希望改變世界，卻沒有人想到要改變自己。」

　　我發現網上有無數有關改變的名人名言，看來「改變」真是人類永恆的課題，也是每個人內心的渴望。

・扁頭型三步變成高盤髮！
・30變13！基礎妝容，變出個甜甜女孩！
・蝸居變皇宮的絕妙好招！

「改變自己，成為更好的你」是改變句型的核心。使用這類句型，影片的內容最好與標題配合，出現前後對比：素顏變美妝，陋室變豪宅，短變長，胖變瘦，矮變高，小變大……就像我們在去頭皮屑洗髮精廣告中看到的前後對比一樣，讓對方看清楚前後改變的過程，令「變」成為影片的中心點。

如果影片內容沒有前後對比，要想為對方賦能，帶來正面的改變，我們可以這樣寫：

- 西餐禮儀，從不懂到十分懂
- 喝紅酒，從外行到行家
- 彈烏克麗麗，從 0 基礎到出道只需 21 天！

以上這種寫法基本上是縮短改變前後的過程，以對比的詞語讓事情看起來更簡單，如「外行」對「行家」，「新手」成「高手」，「台下」變「台上」，加上具體的事情即可完成標題。

改變的寫法千變萬化。以結果為導向，直接將對方希望改變的事情當成標題，同樣簡單直接。

思維不變的人，不能改變任何事。

- 必須變成迷人大眼睛！
- 一定要變成一個井井有條的人！

改變具有巨大的力量。以改變為主題能激勵對方行動起來，帶來積極的改變。如果你覺得自己需要做出改變，不妨用以上的句型來練習，讓自己先改變起來。

痛點與爽點
....

我們在生活中都會遇到痛點。什麼是痛點？痛點是一個人恐懼、害怕、不被滿足的需求和難題。

約的車已經到了家門口，趕著出門卻偏偏找不到鑰匙，這是我在日常生活中經常遇到的痛點。我覺得這個日常痛點可以替代

影片網站中的物品收納標題。

　　原標題：小物件收納
　　新標題：治癒出門找不到鑰匙的你

　　找不到鑰匙不僅可以當成標題，更可成為家居收納影片的創意內容，利用痛點，創作一個總找不到鑰匙的故事。
　　許多人希望在家中養點綠色植物，卻怕種不好，過不了幾天便凋謝了。更有不少人覺得自己是黑手指，種什麼死什麼。這種畏懼心理，就是痛點。假如你想介紹各種好看好養的多肉植物，上傳一條多肉植物影片，你會怎樣寫標題？

　　原標題：多肉植物
　　新標題：這樣養多肉，黑手指變身綠手指！

　　原標題不知道跟誰說話，既沒痛點，也沒爽點。新標題以「黑手指」說明痛點，用「綠手指」闡述爽點，比原標題更吸引人。
　　痛點在我們的生活中俯拾即是，忘帶手機、見面想不起對方的名字、忘記女朋友生日，這些都是我們在生活中最怕發生的事兒。我們可以就影片的內容找出對方的痛點，甚至可以就影片內容發揮創意，構思痛點。
　　例如，旅遊達人介紹野外之旅的影片，標題不妨這樣寫：

　　交不起房租，到蒼山睡帳篷去！

　　觀眾不見得真的交不起房租，可是這種構思出來的痛點有浪跡天涯的浪漫，與自然野趣之旅高度相關。痛點不一定是客觀真實存在的，用虛構式的痛點構思標題，也是可行的思路。
　　爽點可以理解為觀眾從影片中可以得到的即時利益。雪碧的廣告語「晶晶亮，透心涼」家喻戶曉，當中的「晶晶亮」是產品特性，「透心涼」是爽點。三個字的並列結構，令這句廣告語節

奏明快。在英特爾的經典口號「給電腦一顆奔騰的芯」中，「一顆奔騰的芯」是英特爾賦予電腦速度的極致爽點，這種以使用者利益為爽點的標題，是廣告文案的經典寫法之一。

爽點給予觀眾的利益，特點在於「爽」，「爽」的要領在於即時、痛快。

- 硬核羅麗塔裝，A爆！
- 哎呀媽呀！這個酥皮蛋塔真是太酥啦！
- 大雪天吃熱騰騰的羊肉湯，真香！

爽點的標題滿足觀眾對利益點的直接要求，一針見血，立竿見影，乾脆俐落。「要乾脆，別猶豫」，現在立馬試試爽點的寫法吧！

> 想一想……
>
> ---
>
> **痛點來自對生活入微的觀察。看看對方有什麼痛點，想想你可以如何幫助他。**

居高望遠

澳洲昆士蘭旅遊局的一則廣告是全球的經典廣告之一。2009年昆士蘭旅遊局與 Cummins Nitro 廣告公司一起策劃，以招聘大堡礁的管理員為題，一年提供 10 萬美元薪水加一套海邊別墅，在全球刊登豆腐塊小廣告。被錄取的管理員每天的工作只需餵餵魚和寫一篇部落格文章，而應徵者也只需要提供一段影片給昆士蘭旅遊局，說明自己是最佳管理員即可。這個小廣告的標題吸引了全世界無數人應徵，而廣告本身也被全球媒體免費報導，成為廣告行業的佳話。

澳洲昆士蘭旅遊局廣告標題：

世界上最好的工作

　　將目光放遠，是讓這個標題閃光的核心。我想，從這位文案的廢紙簍裡可能會找到以下標題：

- 在大堡礁上班年薪 10 萬美元
- 每天寫篇部落格餵餵魚的好工作
- 昆士蘭旅遊局招聘小島管理員

　　上面的三個標題與「世界上最好的工作」在視野上完全不一樣。「世界上最好的工作」給人廣闊的遐想空間，令人嚮往，而其他三個標題顯得目光短淺。我們不妨參考這種居高望遠的手法，把生活中的點滴小事提升到更高的境界。
　　例如，我們要為一條可樂雞翅的影片寫標題，不妨這樣嘗試：

- 這可樂雞翅，愛到天荒地老
- 吃過這可樂雞翅，一生夫復何求

　　以上這兩句將一盤可樂雞翅放在人生的軌跡上，令人感到吃過這可樂雞翅，人生死而無憾。我們也可以把可樂雞翅放到世界的中心，在世界的中心呼喚它：

這可能是世界上最好吃的可樂雞翅

　　如果我們介紹的不是可樂雞翅，而是奢侈食品或享受，跟遠大的人生拉上關係易如反掌：

嘗過這魚子醬，人生有什麼不一樣？

放遠去看，也可以理解為美好的前程離你不遠。許多教學類的影片可以參考這種手法。那些願意天天學習的人，都有向上的心志，希望自己學有所成。

- 距離米其林 3 星，你只差學會這道法式薄餅
- 美麗人生，從這 3 分鐘面膜開始
- 成為世界上最優雅的羅麗塔

低頭去寫，放遠去看，文案不難。

這個方法的要領是告訴對方世界上沒有小事，把一切事情拔高便可以變成大事，成就遠大的目標。

威脅他
·········

老一輩人喜歡在飯桌上對晚輩說：「碗裡的米飯要吃乾淨，要不然長大了會嫁個臉上長滿麻子的丈夫。」這訓示讓我不自覺地學會了不能暴殄天物，要珍惜一切。長大後我才明白「臉上長滿麻子的丈夫」是一種恐嚇，而恐嚇與威脅，原來是說服的藝術之一。

- 不懂得收納，男朋友只好離你而去
- 自己的名字都寫不好，誰會看得起你？
- 不吃蘋果，你的身體會缺多少維生素？

「不這樣，結果便會那樣」，是威脅式標題的典型寫法。「壞結果」是構思的出發點，可是結果壞到什麼程度，需要好好拿捏。掌握不好分寸，會寫出這樣的標題：

床墊不吸塵，今晚有多少蟎蟲來睡你？

一支教人使用吸塵器清潔蟎蟲的影片如果用上這樣的標題，會令一些女性反感，認為「多少蟎蟲睡你」是一種侮辱。家居清

潔產品影片的觀眾大部分是女性，標題得罪了女性，等於用「壞結果」得到了「壞結果」。這些讓人感到噁心的標題因為觸犯了觀眾的底線而得到差評。那麼底線到底在哪裡？如果你對標題存疑，請寫好之後馬上傳給其他人看看，聽聽他們的即時回饋，然後根據自己對使用者的瞭解做出判斷。

　　威脅式標題的另一種寫法是直接說出忌諱之事，如「什麼事情千萬不能做」，雖然沒有點明後果，壞結果卻不言而喻。

- 面試不能做的 3 個小動作
- 吃生魚片的 5 大危險
- 上抖音不能犯的一個低級錯誤
- 女友最受不了你幹的一件蠢事

　　沒有人願意面試不被錄取、健康受到威脅、犯錯誤、當蠢人幹蠢事。從個人的行為出發，告訴對方不能做什麼，如：不能說的一句話，不能做的一個動作，不能犯的 N 個錯誤。讓標題關係到對方的健康、安全、能力、未來以及自我認同等，最終令對方產生危機感。這種手法的效果就像那個「臉上長滿麻子的丈夫」一樣，能在人們的心中留下深刻的印象。

危機是製造影響力的武器。

十分迫切

　　每一秒都有無數的影片上傳，搶眼球成為所有 UP 主最大的挑戰和使命。在觀眾刷網頁的一瞬間使用「迫切性」句型加強文案的力度，有一種突然叫停的力量，迫使對方不得不看。

- 馬上花一分鐘趕走你的腰間贅肉！
- 立即學會這 3 個超實用英語單字！

　　練肌肉、減肥、運動、學語言、學樂器、做飯等都需要行動，使用「馬上」、「立即」、「即時」、「立刻」、「現在」、「趕

緊」、「就地」這些詞，可以讓對方感到事情迫在眉睫，恨不得馬上行動起來。

此外，我們還可以借鑒廣告促銷的常用句「數量有限，欲購從速！」做句型變化。「數量有限，欲購從速」的精髓在於「不錯過」。如果不趕早，來晚了就賣光了，晚一秒你便後悔了！

- 晚一秒不這樣穿你就 out 了！
- 眼影這樣畫愈早知道愈漂亮！

「早一點」便成功，勿失良機，希望你也抓緊機會學會「迫切性」句型。

想一想……

你會怎樣寫，讓對方感到「錯過了就後悔一輩子」？

這怎麼可能

人對不可思議的事情感興趣是天性。誇張一點的有外星人、超能量，務實且接地氣的包括那些讓我們感到驚歎的生活小事。事實上，「這怎麼可能」是廣告常用的套路。廣告中的主角會驚歎速食麵怎麼可能有如此美味的真正牛肉塊，優酪乳怎麼可能味道像炭燒咖啡，怎麼可能有機器人把家打掃得乾乾淨淨，媽媽怎麼可能年輕得與女兒像姐妹？！

使用「這怎麼可能」的驚歎句型，我們可以用「投入與收穫不成正比」作為切入點。

- 花 300^2 元，家裡白白多了間陽光房！
- 20 元做一頓晚飯，10 分鐘內全家搶光！

投入少量金錢可以換作投入很短時間或是很少功夫，例如第一個標題可以變化出以下的寫法：

- 只花一個週末，DIY 一間通透陽光房
- 毫不費力，家裡白白多了間陽光房！

強調低投入的同時，標題也可以凸顯豐富的收穫。

- 沒買烤箱，做出驚豔宇宙的流心抹茶派！
- 用中午叫外賣的預算過奢華生活！

運用「這怎麼可能」的廣告思路，我改寫了一些影片平台的標題，感到這種寫法十分簡單易用，寫的時候加上對「難以完成的使命」（mission impossible）的驚歎語氣便可以。

原標題：擦玻璃
新標題：居然不花一分錢玻璃擦得閃閃亮

原標題：護膚法
新標題：你從來沒想過的 1 分鐘護膚祕訣

原標題：糖醋汁
新標題：一種糖醋汁竟然能配 20 道菜！

如果事情本身讓人感到出乎意料，例如影片內容是狗狗捨身救海豚，或是一個人一口氣吃掉 10 個漢堡，那麼在描述事情本身

---

2 本書幣值單位若無特別標示，皆為人民幣。

之外加上一句「這怎麼可能」或感嘆號便已經足夠。內容為王，
包子裡面有好餡還是很重要的。

先人一步

小時候我最愛玩跳棋。找到一條能連續跳，一下子能進入對
面陣地的路線，我會興奮半天，那種快樂真是難以形容。跳棋的
原則是快，在遊戲中追求以最少的步數，全部占領對方的地盤。

從古到今，人們都希望先人一步。誰不喜歡比別人走得更靠
前，掌握先機呢？

- 30種秋冬疊穿，讓你提早遇見！
- 開春最流行的風衣，繫腰帶！
- 此刻預見今冬唇彩

美妝或服飾類的影片，潮流是關鍵的因素。用先人一步的寫
法，可以讓人感到走在時尚的最前方。例如，在冬末上傳春天的
衣飾，夏末提早展示秋冬毛衣，標題用「提前」、「提早」、「預
知」、「預見」、「預先」、「領先」、「搶先」、「早一點知道」，
讓對方感到自己先知先覺，預見潮流。

「先人一步」的句型還可以這樣變化：

- 還沒開鍋就香得一塌糊塗的一鍋鮮！
- 還沒參賽，先唱嗨全場！

- 這麻辣燙，還沒麻辣，先饞了！

　　事情一般有先後，把後面發生的事情前置，如未開鍋先聞到香味四溢，還沒到冬天先感到溫暖，天還沒黑已感受到次日的光明，這些都可以說是修辭手法。古文有「才一相思便成永訣」，類似的還有一首流行歌曲中唱的「未曾分手已想念」，都具有先後置換的意蘊，值得借鑒。

讓「未來提前到來」，到了未來還要提前。

世上無難事
....

　　人人都有向上之志，同樣具備的還有畏難之心。在標題中把事情的門檻降低，告訴對方事情沒有想像中的困難，讓觀眾感到小小個體可以成就非凡，這種正面激勵的影片標題寫法，既簡單又有效。

　　我在某影片平台看到這樣的一個標題：「做提拉米蘇」。這種寫法沒有錯，只是比較生硬，缺乏交流。做蛋糕點心，一般人都覺得難度大，不容易做。採用「世上無難事」句型，可以改為「毫不費力做出提拉米蘇」，降低了門檻，進來看的人自然會增多。同樣，以「油燜大蝦」為標題，不如改為「超容易的惹味油燜大蝦」。

　　將難事變為易事，更可採用時間量化的方式。

原標題：印尼炒飯
新標題：3 分鐘學會噴香印尼炒飯

原標題：學簽名
新標題：2 分鐘學大人物一樣簽名

原標題：吉他教學
新標題：3 分鐘學彈吉他，彈首情歌送給她

印尼炒飯的標題用「3分鐘」降低門檻，再加上「噴香」二字，增加食欲，新標題令炒飯變得更香，做起來更加容易。2分鐘學大人物一樣簽名，不僅降低了難度，更帶有令人嚮往的目標。吉他教學的改寫使用了時間維度，化難為易，同時賦予利益點，讓標題與對方的生活相關。學會吉他，更容易討女生喜歡，如果在課程的設計上配合一些情歌演示，那便更完美了。

寫影片標題與寫廣告文案一樣，需要對生活多觀察，平常多練習。

世上無難事，是
方法又是座右
銘。

當個知音
....

你永遠要想著坐在你對面的那個人，他在看你的影片，聽你的講話，讀你的標題。你要懂他，明白他，當他的知音。用「知音」句型寫標題，就是與對方靠近，將話吹進他的耳根。

• 你的體型夠標準嗎？
• 會不會覺得自己的腰有點不夠細呢？

用以上方式誠懇對話，比用「瑜伽教學」或「修腰有氧運動」當標題更親切，更吸引人。

我們可以將生活中的各種難題真誠地提出來，例如對體型、髮型、五官長相不滿，家裡房子的面積太小，薪水低，假期少，孤單寂寞，前途渺茫……用知音對話的方式真心去說，透過影片的內容真誠回應。

• 錢不多，想換個新形象？
• 天天想食譜，是不是太煩心？
• 只有 1000 元 ＋ 3 天假，上哪兒玩個痛快？

知音的標題寫法是廣告文案的經典手法。一個賣酵母的老廣告曾經這樣寫：

穿上游泳衣，你看上去是左邊還是右邊？

廣告的圖片顯示左邊是瘦高的女生，右邊是豐滿的女生的泳衣照。

下面的副標題簡單直接：

體型不夠豐滿，記得要用含碘酵母哦！

幾十年前，西方社會認為過分骨感的女性不性感。那個年代，人人都想增肥添肉，性感得像瑪麗蓮・夢露。這個酵母廣告的文案就像是消費者的姊妹淘，以貼心的問題展開對話，輕輕鬆鬆，達到銷售目的。

人情冷暖，世態炎涼，天下何處覓知音？誰不希望身邊有個知音，聽些貼心的話。用這種方法寫標題其實不難，體貼一點，多為對方想想就可以。

想一想……

如何用知音的方式改寫別人的標題。

悄悄話

「噓……」
「千萬不要說出去。」
「這件事別人不知道，我只告訴你一人。」

我們都聽過悄悄話，也跟人說過悄悄話。只有彼此關係密切，我們才會與人私下偷偷說幾句體己話。說悄悄話是為了不讓局外人

知道，而且，事情有一定的重要性才需要保密。所以，用悄悄話的方式寫標題，第一可以拉近雙方的距離，第二是讓事情看起來更重要，當人們感到事情至關重要，自然希望看看到底發生了什麼事。

- 噓，偷偷告訴你怎樣做蛋塔
- 千萬不要告訴別人，圍巾這樣結才好看
- 世界上沒幾個人知道蜂蜜可以這樣美容

以上是想像對方就在自己身邊，用跟對方說悄悄話的方式寫標題。叫人不要說，人家往往更喜歡把消息傳出去，現實生活中是這樣，網路世界裡也一樣。事情不分大小，從蒸雞蛋羹到全球局勢，祕密與內幕永遠是人們喜聞樂見的。

- 蒸雞蛋羹 0 蜂窩的真正祕密
- 春節成功見家長的一大祕密
- 超級歌手發聲的獨家內幕

愈是祕密，愈多人知道。

用說悄悄話的方式寫影片標題，等於分享一個公開的祕密給對方。祕密為什麼會是公開的呢？我們現在不去深究。只是有關這種寫法的祕密，請你千萬保密。

考第一
....
- 全球最多牙醫推薦的牙膏
- 全歐洲設計師最愛的椅子
- 全世界最多媽媽信賴的奶粉

上面是廣告文案常用的背書式寫法。這種寫法背後的道理有點像我們挑餐廳，通常會挑一家食客最多、人氣最旺的。深入想想我們就會明白，各大線上平台的「人氣」也基於同樣的道理：「別人都這樣挑，一定錯不了！」

這種從眾心理的核心是「社會認同」。最多人用，最多人信，最多人喜歡，最受歡迎，就是最被社會接納的，也是人們認為最好的。

　　路邊的那家小麵館確實做得比別家好吃，而且整潔衛生，價格合理，所以客人最多，最受歡迎，這是合理的結果。然而，很多人相信的事情卻不一定都是真理。例如，中世紀無數西方人相信巫術，以為放血是治病的良方；當時的人們認為地球是宇宙的中心，以至把提出異議的意大利哲學家布魯諾活活燒死，這些都是基於社會認同的惡果。

　　我們不在這裡討論「社會認同」的利弊，只要求人家認識到文案標題是基於大眾心理而寫。如果懂得利用這種心理效應，進而使用「名次」的方法，標題便能收穫一定的效果。

- 世界 3 大潮鞋，你也來試穿！
- 韓國美妝大賞 No.1 的絕美口紅，好美！
- 新加坡銷量第一的肉骨茶，太好吃啦！

　　告訴人們事物得到的認可和排名，會加強認可度。然而，不是每一支影片標題都可以參考上面的例句。假如客觀上不具備這樣的條件，我們可以利用文字的魅力進行加工：

- 最受兒子歡迎的家常菜第一名
- 年度咱家最火爆的火鍋蘸料
- 鄭州金水區的冠軍粉蒸胡蘿蔔
- 榮獲 3 單元 201 全年美食大賞的炸醬麵

　　得不到國際大獎、國內冠軍，可以得社區第一、家中之冠，又或者是最受兒子、女兒、男友、公公、婆婆歡迎的獎賞。「榮獲 3 單元 201 全年美食大賞的炸醬麵」是自己頒發給自己的榮譽，「咱家最火爆的火鍋蘸料」也是自我認可，自己為自己喝彩是一種積極的人生態度。

考第一需要天時、地利、人和，以及個人的不斷努力，然而寫影片標題獲第一卻可以輕而易舉。用名次標題提高內容的含金量，是一種不錯的寫法，簡單好用。

看別人，說自己

我曾經在一家服裝店當過一天義務售貨員。當天下午來了大概十位女顧客，她們都是從附近的瑜珈班下課後過來的，有點像個小型旅遊團。我發現只要其中一位女士試了一條圍巾，其他人都會拿起這條圍巾看一看，摸一摸。這群瑜珈課學員很捨得花錢，當天的銷售額達到了二十多萬元。店裡有七十多款產品，她們只買了其中的 十六 款，其中有幾款單品，同款同色的售出了十條以上。

一個人買了，別人便會跟著買，最後成功交易的單件貨品往往會帶來更多的交易。「別人都這樣挑，一定錯不了！」可以很好地解釋這種從眾心理。這是市場學中常被提及的「群體效應消費行為」。

從群體出發，我們可以演變出以下的影片標題寫法：「看別人，說自己」。這種寫法聚焦別人怎樣看，運用群體來建立自己。

- 300 萬粉絲都愛死的一件毛衣！
- 地球上所有成都人都超讚的辣子雞！
- 宿舍 100% 女生都喜歡的小擺設
- 這小貓咪，100 萬人看哭了！
- 99% 的女生都說帽子這樣戴才有個性！

利用群體說服，要調動群體的元素，如 100% 或 99.9% 的媽媽、爸爸、父母，或者使用「看過的」、「嘗過的」、「吃過的」、「見過的」、「試過的」所有人。可以從地域入手，如上面跟辣子雞相關的成都人；更可用粉絲數量或是數位形成虛擬群體。

上面的例子集中寫群體的反應，而不點明後面的結果。我認

為如果加上結果，標題會太累贅，所以不說比說效果更好。我們
可以看看以下的說明：

- 「300 萬粉絲都愛死的一件毛衣！」，緊接著應該是：「你
  還不趕快試試！」
- 「地球上所有成都人都超讚的辣子雞！」，下一句是：「不
  管你是不是成都人，都要看過來！」
- 「宿舍100% 女生都喜歡的小擺設」，看過後女生會想：「好
  可愛喲，我也想要這個。」
- 「這小貓咪，100 萬人看哭了！」，潛台詞是：「你又怎
  能不看呢？」
- 「99% 的女生都說帽子這樣戴才有個性！」後面不用寫的
  一句是：「難道你不想有個性嗎？」

別人都這樣，所以你也應該這樣。世界上 95% 以上的人都愛
模仿，所以用群體行為來促使對方行動，相當有效。

我是誰？這個問題還是最好請教一下別人。

讓他得到
....

寫廣告標題，我們常會用一個行銷學詞彙，叫「消費者承
諾」，意思是消費者將從產品的功能和特性中獲得什麼。例如，
吸塵器的無線功能讓消費者操作更方便，食用無公害的蔬菜更安
全、更健康，更優質的羽絨衣令消費者感到更輕盈、更保暖。

寫影片標題的時候我建議大家想想這個簡單的問題：「看完
這段影片，對方會得到什麼？」

你的影片是讓對方學會一樣本領，聽到一首好歌，開開心心
笑一場，知道哪裡有好吃的，還是明白了一些道理？

影片標題最基礎的寫法是寫出你的承諾，例如：

- 讓你迷倒眾生的 10 分鐘芒果妝
- 此湯一出男友必哭！

- 開心點！看這小狗打噴嚏，笑死啦！
- 驚不驚喜！唱完這首歌，她說我喜歡你！

承諾是個大框架，需要進一步深耕。如果單單寫承諾，不加修飾，會顯得單調，缺乏說服力。我們用上面的例子說明：

淺層寫法：學會芒果妝
深入寫法：讓你迷倒眾生的 10 分鐘芒果妝

淺層寫法：男朋友會喜歡這碗湯
深入寫法：此湯一出男友必哭！

淺層寫法：這小狗打噴嚏好玩
深入寫法：開心點！看這小狗打噴嚏，笑死啦！

淺層寫法：用這首歌贏得愛情
深入寫法：驚不驚喜！唱完這首歌，她說我喜歡你！

我們比較一下上下兩種寫法，就會明白善用文字的力量十分重要。淺層寫法與深入寫法的區別在於後者多下了一點功夫。

讓他得到，你也得到。

人類從遠古的狩獵採集到今天上淘寶購買收納用品，渴望「獲得」的心理從未改變。寫標題的時候給予對方利益，會更有說服力，獲得理想的效果。我相信在幫助對方達到目的的同時，你的目的也能不費吹灰之力順利達到。

心裡有數
....

我對物理學一無所知，卻總希望對其有所認識，以幫助自己思考一些有趣的問題。我在網上找到一本好書，書名叫《七堂極簡物理課》（台灣版，《七堂簡單物理課》），作者是義大利理論物理學家卡洛·羅維理。我被書名吸引，果斷下了單，一口氣

讀完後，感到此書淺顯易懂，書如其名，教會我不少寶貴的知識。書名使用了我上面提到的「世上無難事」法則，用「極簡」二字降低了門檻，以「七堂」這一數量進一步降低了難度。

大家在網上看看，會發現無數的商管類、人生勵志類圖書都以數字命名，比如：

- 《高效能人士的 7 個習慣》[3]
- 《人生 12 法則》
- 《受益一生的 5 本書》
- 《關於幸福的 10 個誤解》

以上這些暢銷書的書名中都含有數字。數字真的那麼神奇嗎？讓我們一起看看數字在文案中的作用：

- 令事情變得更具體清晰。3 隻小貓比幾隻小貓明確，4 個男人比數名男士清晰⋯⋯我們在生活中經常會感受到數字精確的力量。
- 凸顯事物的重要性。人生必聽的 10 句話，一生必去的 100 個地方，SARS 傳播的 3 大途徑⋯⋯加上數字，事情會顯得更重要，更值得重視。
- 增加權威性與可信性。洗手消毒看 3 步，寶寶補鈣 3 重點，10 種高情商溝通法⋯⋯數字令事情變得更可信，聽起來更專業。
- 增加獲得感。《高效能人士的 7 個習慣》明確說明是 7 個習慣，讓讀者感到只需要養成 7 個習慣便能變得高效能。哪怕沒有看此書，都好像得到了習慣的奧祕。
- 引發好奇心。聽到「一生必須要去的 100 個地方」，人人都想知道這些地方在哪裡，誰都想去看看。數字，能引起人們的求知欲與好奇心。

3　台灣版，《與成功有約：高效能人士的七個習慣》

比較下面這兩個書名，看看有數字和沒有數字的分別：

- 《關於幸福的誤解》
- 《關於幸福的 10 個誤解》

看到《關於幸福的 10 個誤解》，會令人感到其中具備獨一無二的見解，相當可信。「10 個誤解」，能讓人產生好奇並追問：「到底是哪 10 個誤解？」、「這 10 個誤解，會不會包括我心裡想到的那個呢？」如果不包含數字而只用《關於幸福的誤解》為書名，會顯得含混籠統，不夠吸引人。

- 西餐禮儀須知
- 西餐吃得有教養，記住這 3 條

介紹餐桌禮儀的影片標題「西餐吃得有教養，記住這 3 條」將西餐禮儀總結為 3 條，讓陌生的事情變得簡單易懂，具備權威性，加強獲得感。而使用「西餐禮儀須知」明顯比較單調，沒有具體的條目，讓人感到空泛。

利用數字寫標題，可使示範影片清晰明確，達到降低門檻的作用，例如：

- 安全支付記住 2 句口訣
- 小狗洗澡嗨皮 3 步
- 微信錄音這 2 種發聲最迷人

數字為人定下規矩方圓，令對方輕鬆掌握最精要的內涵。運用數字表述，邏輯性強，簡單直接，符合今天直接快捷的時代特點。只要一步一步跟著這些數字做就好了，就會有成果。運用數字寫文案，不是新奇事物。數字的力量，古來有之。

- 飯後百步走，活到九十九

- 一天省一把，十年買匹馬
- 一個籬笆三個椿，一個好漢三個幫

　　這些運用數字的俗語言簡意賅，好記易懂。唐詩、宋詞等古代文學作品中還有更多有意思的「數字文案」經典，意味深長。學會用數字寫標題，寫時心中有數，效果也必定成竹在胸。

> 想一想……
>
> 馬上數一數你手上有什麼數字可以用在標題上。

愛問不會笨

　　我喜歡問問題。我寧可問題沒答案，也不會放棄發問。什麼都不問的人，要麼是全知全會，要麼便是一無所知。愛問的人不會笨，我不想自己笨，所以我總喜歡問問題。

　　以問題句型寫影片標題，是個聰明的好辦法。問句具有對話的性質，能讓對方讀標題如見面，感到親切，更能引起好奇心。

　　UP 主上傳影片的時候，都應該思考觀眾的興趣、年齡層、生活狀態、對什麼話題感興趣、有什麼煩惱、生活的痛點是什麼、嚮往的是什麼。

　　對這些問題的思考，跟廣告文案對目標消費者的思考是相同的。寫標題的時候想到這些，利用問句可以輕鬆寫標題：

- 如何只花 30 元，晚餐營養好、顏值高？
- 少花錢，面試如何穿得十分體面？
- 怎能只花 3000 元，在泰國玩瘋了？

　　從對方的錢包出發，想想怎樣可以更經濟實惠地幫助對方吃

好、玩好、穿好，是大家經常做的事兒。除了缺錢，人們還經常
感歎太忙、沒時間。

- 如何一個月學會 10000 個超級單字？
- 怎樣教寶寶三個月背 100 首唐詩？
- 如何用 10 分鐘把眼睛畫得美美的？

我們還可以思考對方的痛點，例如想吃怕胖，想學又怕懶，
想減肥又怕辛苦，等等。

- 如何「少油低脂」做出超人氣炸薯條？
- 怎樣用一根繩七天輕鬆減 2.5 公斤？

**沒問題是個大問
題，問什麼是核
心問題。**

問得明確是源於設想對方就在你的面前，想他所想。用問題
把對方吸引進來，影片的內容也需要對應標題，提供答案。

迫切地問
....

每個人都有一些迫切希望知道答案的問題。舉例來說，你看
本書，迫切的問題可能包括：

- 如何三天就成為出色的文案？
- 有沒有文案公式，套上去就可以用？
- 標點符號是否也有規範，可不可以提供一個表格？

如果我能為以上問題提供令人滿意的答案，我一定會將其公
開。寫文案，尤其是廣告文案，需要不斷練習與積累經驗，不能
一蹴而就。不過，寫影片標題倒是有一些套路可以參考，「迫切
的問題」便是其中之一。

- 夏天來了，怎樣幫寶寶無毒防蚊？

- 一罩難求！用過的口罩如何保存？
- 有濕疹的皮膚不能天天沾水，該怎麼辦？
- 鼻樑低，怎樣化妝可以顯得高一些？

　　人們對事物迫切關注往往緣於自身的處境，例如在炎炎夏日需要防蚊，生病需要治療，有小孩的家庭特別關注嬰兒和兒童的資訊，這些話題都帶有迫切性。想想對方迫切想知道什麼，關心什麼，便可將其作為影片內容，寫好標題。

　　社會熱點同樣令人產生迫切的求知欲。我寫這部分內容的時候正值新冠肺炎肆虐，市面上沒有口罩，所以教人衛生保存口罩、做滋補潤肺的菜肴，都可以有效蹭熱點。又例如人人都關注自己的外貌，都有對自己的相貌不滿意之處，迫切希望知道如何改善。

　　標題問得迫切，影片回答及時，解了燃眉之急，對方必看無疑。

比較式問句
....

　　比較式問句是在句子中加入兩個元素進行比較並發問，例如我看到過這樣的標題：

- 「使用者體驗」為什麼比「付費廣告」更厲害？
- 為什麼「信用」比「流量」重要？
- 為什麼成功的企業家「做運動」比「做生意」更要緊？

　　我們也可以把對比的元素放在一起組成標題：

- 這小陽台憑什麼比大花園更雅致？
- 老家的泡菜為什麼比滿漢全席更令人垂涎？
- 小一居的高格調如何打敗大豪宅？

　　對比的元素包括小對大、低對高、家常對奢侈、簡單對豪華等。這種寫法需要影片的內容有一定的含金量，能夠形成鮮明的對

問得迫切像警鐘響起，「啊！發生了什麼事？！」

比。如果影片內容不適合用對比詞語，也可以討巧一點去寫，例如：

- 英式早餐為什麼適合週末全天吃？
- 減肚子，為什麼 10 分鐘比半小時管用？
- 做面膜，為什麼有蜂蜜比沒蜂蜜更美？

寫標題，一比就知道。

第一句標題與影片可在懶洋洋的週日早上 11 點上傳，發布時間配合標題與內容。後面兩句的寫法，可用於無數影片標題。「有什麼」比較「沒什麼」，後面為與「好吃」、「好玩」、「好看」、「好聽」、「更美」、「更香」類似的詞語。另外，用「我」比較「你」或是「你」比較「我」變換句型，也是輕鬆寫標題的辦法。

用「比較」手法寫影片標題，比較簡單，比較實用。

是與否

假如你的影片內容針對性強，那麼「是與否」是相當可取的寫法，優點是簡單直接，一針見血。

- 你游自由式是不是老嗆水？
- 你做的麵包是否發不起來？
- 你煎牛排是否控制不好火候？
- 你看樂譜是不是老認不準音符？

無論是食譜示範、運動示範，還是樂器示範，針對人們普遍容易犯的錯誤或是難以克服的困難，都可以使用上面的句型。只要標題提及的錯誤和難處多數人普遍都如此，影片就能獲得一定的點擊量。例如，初學自由式的人往往容易嗆水，做麵包新手揉半天麵團卻總烤出石頭似的麵包，許多人煎牛排不懂得用中到高火，音樂初學者不能正確認出音高，這些全是司空見慣的難題。影片 UP 主可以想想對方的難題，針對難題寫標題，讓影片擁有中心訊息，標題套用「是與否」句型即可輕鬆寫好，並達到效果。

「是與否」還可以演變出「是否看過」、「是否聽過」、「是否見過」的句型。當影片內容別出心裁、引人入勝時，用這種寫法寫標題，既親切又達意，很是討巧，也容易出彩。例如：

- 你是否見過貓咪詩人？
- 你有沒有嘗過瑞士名菜起司火鍋？
- 你知不知道揉揉肚子能輕鬆減肥？

　　「是與否」句型容易引人至更深一步的探索之中，有一種引誘的魅力。比如上面的句型中「你見過貓咪詩人嗎？」與「你是否見過貓咪詩人？」是兩句層次有別的話，加上「是否」 更有誘導力，好像有一股力量，引領對方進一步探究。

　　在日常生活中，我們都需要思考、遴選與判斷。每一天，我們都要做出無數的選擇，都要對無數的事物說是與否。從早上是否吃雞蛋，是否穿黑襪子，到天陰了是否需要帶雨傘，中午是否吃麵條，都是一連串的「是與否」。

「是與否」的極致是「生存還是毀 滅（to be or not to be）」，莎士比亞說這才是問題所在。

答案見影片

　　你會不會覺得「答案見影片」聽起來有點奇怪，這樣的句型是否有講廢話的感覺，因為所有影片都應該為問題提供答案。事實上，這個寫法就是如此簡單：把影片的中心內容提煉出來，然後用問句提問便可以。我們來看下面這個例子。

　　原標題：停車可以這樣做
　　新標題：停車一次到位，你想不想帥？

　　影片的內容就是停車一次到位，而且示範的司機停得非常瀟灑，可惜原標題沒有體現出來。改寫之後的標題提煉了利益點「一次到位」，加強獲得感。同時以情感因素吸引對方——男人一般

都想帥，想帥的都會來看這個影片。

原標題：跟謝德好老師寫「天」字
新標題：免費跟謝德好老師寫「天」字，你想學嗎？

「免費」添加了提煉的利益點，「你想學嗎？」則讓語氣具有親和力。人們看見這樣的問題，自然會去影片中尋找答案。

原標題：插花示範
新標題：3枝小雛菊，讓家小清新，美嗎？

影片的內容是小雛菊插花示範，「讓家小清新」提煉了影片內容的利益點。喜歡看插花的大部分是女性，「美嗎？」以提問方式與對方直接交流，像是在她身邊說話。

原標題：牛油果面膜
新標題：水潤牛油果面膜，想不想讓皮膚喝飽飽？

不少影片的內容都會介紹功效。在標題中加上功效，再以問題方式呈現，效果更理想。例如，牛油果面膜的功效是保濕，我們可以在標題上加上「水潤」，然後再補充「想不想讓皮膚喝飽飽？」。「想不想」誘導對方觀看，「皮膚喝飽飽」生動加強利益點。改寫後的問句，比原標題更具吸引力，更能吸引對方從影片中尋找答案。

「答案見影片」的寫法要訣在於提煉利益點並加上問句。有關利益點，大家可以參照前面的內容，問一個簡單的問題：對方能從影片中得到什麼？然後加上親切的問句，便可以寫成標題。

這種標題寫法，有一種立竿見影的魅力。「如此簡單地寫標題，你想學嗎？」

「如何」或「怎樣」

看國外的影片網站可以發現，最常見的影片標題寫法是
「How to」，即「如何」或「怎樣」。「如何」或「怎樣」句型
適用於樂善好施、幫助人們完成一件事情或達到目的之影片。日
常生活中這種句型無處不在，例如：

· PDF 如何調整字體大小？
· 蘋果電腦怎樣備份？
· 坐地鐵怎樣防狼？

這種直白的句型，只需稍加修飾，便可讓人感興趣。例如，
在「如何」之後加上「輕鬆」、「方便」、「容易」、「快捷」、
「輕易」、「簡單」、「3 分鐘」等詞，便能令寫標題變得更容易，
加上「徹底」、「絕對」、「透頂」等詞更能加強效果。例如：

· 如何火速調整 PDF 字體大小？
· 蘋果電腦怎樣輕鬆備份？
· 坐地鐵怎樣徹底防狼？

這些都是手到擒來的技巧，馬上你就可以應用。「如何」或
「怎樣」還可以如何應用呢？可以借鑒廣告文案的寫法。

· 如何做油潑麵？

* 如何做出狠潑辣的油潑麵？

　　我覺得油潑麵聽起來就很潑辣，用「狠潑辣的油潑麵」則讓形象更鮮明，同時也更有意思，更加吸引人。

* 怎樣寫好履歷？
* 怎樣寫一份財星 500 大爭著聘用你的履歷？

　　「財星 500 大爭著聘用你的履歷」採用的是我們在上面提到的特寫技巧，令這份履歷更聚焦，更厲害，更能讓你脫穎而出。

* 如何用優酪乳機？
* 沒優酪乳，如何變出一桶來？

　　這兩個標題的意思相同，但後面一條增加了「無中生有」的神奇意味，令看的人驚呼：「哇！好厲害，我也想試試能不能變出兩桶來！」

　　做一個「多見多怪」的人挺不錯。對什麼都感到新奇，對什麼都發問，對什麼都觀察入微，在「多見」之中，生活會充滿驚喜，收穫更多。

* 如何在公司健身？
* 如何在辦公桌前明目張膽練肌肉？

　　以上兩句說的都是一回事。前面一句平鋪直敘，只是把內容說出來而已；後面一句則更具畫面感，讓人聯想自己在辦公桌前就可以練肌肉，雖然明目張膽，卻妙在不被發現。寫的時候如果想著對方，自然會想到對方天天坐辦公室，缺乏鍛煉。

　　「如何」或「怎樣」不難寫。哪怕直白地寫，也能讓對方感到你是在幫助他，為他解決實際的困難或是完成一件事情。如果想寫得更開心，就需要多動腦筋，把對方請到你跟前，處處為他著想。

做個測試

請看以下圖片，你最喜歡在什麼地方工作？

a

b

c

d

e

f

a. 走到哪兒，工作在哪兒
b. 藝術工作室
c. 地球上任何能上網的地方
d. 自己開的小店
e. 自己的辦公小天地
f. 以上全部

我選 a 與 c，你呢？我喜歡一個人，喜歡自由自在，看到 a 和 c，不禁心馳神往，希望在這樣的環境下工作。

人總喜歡回答跟自己相關的問題。透過測試，我們可以瞭解自己，就像我根據上面的測試，再度確立自己愛自由、不喜歡被約束的個性。既然人們熱衷測試，我們不妨採用測試當成影片的標題。

「只有 5% 的人懂得這個方法，你是 5%，還是 95%？」

• 只有 10% 的人念對的單字，你會多少？
• 生了 6 隻小狗，你猜多少公，多少母？
• 她像 18 歲，你猜她多大？
• 成功求婚我選這 3 首歌，你能猜對嗎？

這種寫法的潛台詞是：只有少數人知道答案，如果你知道，你就很聰明。沒有人願意當笨蛋，大家都想試一試，看看自己的智商與水準。如果影片的內容含有測試的因素，標題就可以借題發揮。

為什麼？
....

• 為什麼面試成功的人都愛這樣打領帶？
• 為什麼高情商的人都這樣聊天？
• 為什麼手機拍不好女朋友？
• 為什麼愛吃包子的男人都帥呆了？

為什麼我會舉以上的例子呢？因為「為什麼」可以滿足人的

求知欲，引導人探求究竟，令人感到能得到別人不懂的知識。例如，一個人如果知道面試成功的人怎樣打領帶，或是高情商的人如何聊天，便可以獲得更多茶餘飯後的談資，顯得與眾不同。

寫這種標題，關鍵在於表達得有意思。例如，不掌握手機拍照技巧，事實上拍什麼人都拍不好，可是寫成「為什麼手機拍不好女朋友？」，就會讓人覺得好像事情另有玄機，更加有趣。一個包子影片的標題寫成「為什麼愛吃包子的男人都帥呆了？」，沒有原因，卻有意思。教人打領帶，標題寫成「為什麼面試成功的人都愛這樣打領帶？」，多了一個關鍵的層次，一個特殊的場合，便會更吸引人。

這種寫法的祕訣在於具備跳躍思維和聯想能力。假如你感到自己欠缺這種能力，不用擔心，我們可以用簡易版本的「為什麼」句型：

- 為什麼分手說這句話能促進世界和平？
- 為什麼這褲子一穿就顯瘦？
- 為什麼這樣裝修客廳能省 5000 元？
- 為什麼海鮮這樣蒸才更健康？

這種寫法很簡單。省錢，省時間，省空間，更健康，更營養，更快捷，更方便，更好看……首先從你的影片中找出利益點，接著以「為什麼」作為起句便可以了。

「為什麼」句型是全球網路影片最受歡迎的句型之一。放著這麼簡單容易的方法不用，那就有必要問一下自己「為什麼」了。

明白了「為什麼」就去做，下回還要接著問「為什麼」。

CHAPTER
02

寫社群媒體文案標題有多簡單，看這 27 條就知道

你分享什麼，可能別人看你就會是什麼。
但是，別人看你是什麼，和你真的是什麼是兩回事。
查爾斯・里德彼特說的這句話有很多種可能，
其中一種是分享蘋果的人，根本沒吃過蘋果，也不可能就是蘋果。

「分享什麼，你就是什麼。」
　　　———查爾斯‧里德彼特

社群媒體文案的範圍很廣，不同的平台，不同的界別，不同的個體需求，文案都不同，這裡提供的是一些思路，這些思路有的來自我在廣告行業的體會，有的來自看公眾號，更多的來自我對生活的觀察。正如大衛・奧格威所說，標題相當於你 80% 的工作，所以這裡為大家提供的是寫社群媒體文案標題的一些建議。

　　受歡迎的社群媒體文案標題具備一個通用元素：獲得感。獲得感通常以下面的形式表現：

- 為對方分析。告訴對方為什麼事情會這樣或那樣，為他提供意想不到或是很想知道的內容和觀點。例如，「面對疫情，專家告訴你為什麼必須勤洗手」。
- 給對方消息。讓對方從你的文案中知道一些重要的事、一些有趣的事、一些他覺得一定要看的事。例如，「印度律師竟然認為牛尿能有效擊退病毒」。
- 教對方，幫對方。為對方賦能，教他怎樣做才安全、才成功、才漂亮、才可以生活得更好，幫他解決已有問題或是還沒有意識到的難題。例如，「世衛教你多少米才算是安全距離」。

- 娛樂對方。讓對方大笑、微笑、狂笑、開開心心，或是讓對方感動、暖心、驚歡，讓他在刷網頁的瞬間獲得娛樂感，在情感上得到共鳴，覺得你說出了他沒有說出來的心裡話。

　　社群媒體文案與廣告宣傳文案同樣要為人們帶來獲得感，同時兩者有不少互通之處，例如都需要具備趣味性，要求文案言簡意賅，隨需應變，在動筆之前都必須思考以下問題：

- 你寫給誰看，他到底是誰？想像對方現在坐在你的眼前，他長什麼樣子，他喜歡什麼，厭惡什麼？最重要的問題是他渴望什麼？
- 為什麼他對你寫的這篇文案會感興趣？
- 你能賦予他什麼？你能夠提供什麼利益點，讓他感到有所收穫？
- 你的標題能怎樣讓他高興，溫暖，驚喜，恐懼，感到迫切，覺得安全？你牽動了他心中的什麼情感，讓他感到非看不可？

　　那麼，怎樣寫社群媒體文案標題呢？下面的建議大部分涉及商品推廣，有的關乎公眾號推文，大家靈活應用即可。

有多少種方法

　　我很喜歡一首老歌，叫《與戀人分手的 50 種方式》（「*50 Ways to Leave Your Lover*」），旋律好聽，歌名吸引人。分手 50 招是實用知識，人人都可能遇到這樣的問題，學會了有備無患，能減少不必要的麻煩。
　　借鑒這個歌名，我們可以把內容或產品變成「多少種方法」句型，或者說明對方達成目標的方法，輕輕鬆鬆寫標題。例如：

- 和平分手的 23 句話＋1 件難忘的告別禮
- 週末宣愛靠這 3 道愛情菜
- 保證讓你下午不犯睏的 13 款低脂零嘴
- 想背影迷人，看這 7 種髮髻
- 5 個大招，流量猛增

寫這類標題，目標要十分清晰：和平分手、成功宣愛、下午不犯睏、背影迷人、流量激增……將對方希望達到的目的明確寫進標題中，接著在內容中提供解決之道。

這種寫法的優點是讓人有獲得感。每個人都有願望和目的，有的想分手，有的希望變瘦，有的想出國，有的只想睡個安穩覺。認準對方的真正需要，結合內容的重點便能寫好。

有「多少種方法」，取決於你的內容有多少吸引人的地方。

多少種方法就是多少件法寶，祭出就好使，有興趣可參考《封神演義》神仙鬥法。

祕密在哪兒

沒有人不喜歡聽祕密，所以沒有人不喜歡看祕密式標題。有些事物本身與祕密有關，例如樹洞、密室、黑夜、荒園、廢墟、地宮；也有一些名稱和名字自帶詭異與神祕感，例如法老、煉金術師、梅超風、東方不敗、葉孤城、花無缺。有些產品名天生具備神祕的意味，更有一些帶有傳說色彩，例如有人傳說好吃的火鍋都帶有某種不能公開的佐料，極品的茶葉來自人跡罕至的深山中的幾棵樹。

- 黑森林裡，到底藏著什麼祕密？
- 傳說這家火鍋香得讓人上癮，到底有什麼祕密？
- 這宮廷床墊底下埋藏著什麼祕密？

哪怕先天無任何祕密可言，我們都可以創造祕密標題，引發

人們的好奇心，比如「好聲音的 9 條祕密」、「量子力學的奧祕」、「月亮的祕密」、「文案密碼」。

祕密能兌換親密。不親密，無祕密。

祕密由人創造，你愈說這是極少數人才能知道的祕密，就會有愈多的人急著希望成為極少數人之一。最後，當全世界都知道這個祕密時，你的傳播目的便達到了。

> 想一想……
> _____
>
> 有多少書以「奧祕」、「解碼」命名，這些名字對你有什麼啟發？

你給我，我給你

「你給我兩分鐘，我會令這三隻白鴿馬上消失。」魔術師總喜歡這樣逗小孩。你給我時間，我給你效果，這是一種帶有承諾的說法。我覺得將這種表述方式變為標題，簡單明瞭，效果不錯。給出一定的時間，商品將會改變事物的狀態，例如秀髮變柔順了，屋子收拾乾淨了，眼紋減輕了，廚房的油煙不見了。因為有具體時間限制，效果變得更神奇，內容就更具吸引力。那些具備明確承諾和效果的商品很適合這種寫法。

- 每天給我 20 分鐘，我教你說一口標準牛津英語
- 給我兩分鐘，我為你的秀髮做個深度 SPA
- 給我兩星期，我來幫你管理體重

此外，我們可以將時間變化為其他元素，例如一件帶有雲朵印花的裙子可以這樣寫：

- 給我一陣風，我送你一朵雲

用同樣的結構，可以隨意變化去寫，作為非商品推廣的標題：

- 給我一場雨，我要送你一首詩
- 給我一場雪，我叫梅花開遍

用「給我多少時間」作為起句，有一種交易互動的感覺。後面舉例的變化句是對唱與應和，一問一答，一唱一和。

文案是二人拉鋸，你給他了，他便會給你。

想一想……

用「你給我……我給你……」寫出 30 個句子。

隱藏的利益

如果事物是鏡像，那麼我們要想一想手中的鏡子要拿來照什麼。在商品推廣上，我們往往會拿著鏡子去用心觀察商品，之後會發現若干特性。一旦找到特性，我們會感到似乎已找到事物的本質。然而，今天的商品分秒之間便會被人仿效，高度同質化。把鏡子放在商品上，有時候會導致與別人看到的相差無幾，加上雷同的語言，更容易導致資訊被淹沒。

我們何不把鏡子翻過來，不對著商品，而是反著看，從鏡中看使用者。從鏡子正面看，看到的是商品本身帶有的明顯利益，唯有把鏡子反過來去看使用者，才能看到商品背後的利益。例如：

洗衣粉的明顯利益：有效清除頑固汙漬
洗衣粉的隱藏利益：讓寶寶瘋玩吧，現在多髒都不怕！

行李箱的明顯利益：堅固牢靠不怕摔
行李箱的隱藏利益：一路伴你磕磕絆絆，勇往直前！

小甜點的明顯利益：甜甜的，真好吃
小甜點隱藏的利益：吃完這個，心情好多了，你嘗嘗

我在這裡並非否定正面看鏡子的作用，而是希望大家能夠多角度思考問題，從而體驗到其中的樂趣。

想一想……

一副耳機、一盒抽取式面紙隱藏的利益是什麼？

客觀來說

人人都想聽客觀意見。媽媽做好了飯會問：「味道怎麼樣？」理完髮我們會問伴侶：「你覺得好看嗎？會不會太短了？」客觀的意見讓事情變得更可信。利用寫實的陳述能加強說服力。

- 用完這個，大家都說我的眼睛好有神！
- 敷了3晚，人人都說我變白了！
- 穿這個內搭褲，大家都說我瘦了！
- 這個記憶枕太神了，我在飛機上居然睡到忘了醒！

我們可以將別人的意見寫成標題，也可以使用第一人稱的手法，例如最後一句關於記憶枕的寫法，是將主觀的經歷變成客觀的事實。

主觀的願望不會影響客觀的事實，比方說我們不能讓每一個晚上都圓月當空。人有悲歡離合，月有陰晴圓缺是客觀事實，不容否定。不容否定等於不容反駁，加上使用了寫實的陳述句，標題便顯得更具說服力，令人不能不信，不得不聽。

每一個主觀的人都希望用客觀的方法來證明自己主觀的正確。

想一想……

你生活中聽到的客觀意見可以如何用在你的標題中？

小東西，大手筆

從大處看，人類是世界上最擅長講故事的動物；從小處入手，每個品牌、每個人都是一個故事。引人入勝的故事經常是從毫不起眼的小物件演變為震驚世界的大事件。

希臘神話中的特洛伊戰爭，是由三位女神為了爭奪一個蘋果而引發的。《聖經‧創世記》中，夏娃因為偷吃了禁果而被上帝趕出伊甸園，整個人類的命運因此而改變。潘金蓮用姿色勾引西門慶，這才有了武松殺嫂報兄仇，直至後來武督頭被逼上梁山，落草為寇。因為偶然而觸發的好事包括灰姑娘掉了一隻水晶鞋，還有大家熟悉的電影《X戰警：第一戰》中，萬磁王居然以一枚硬幣殺死了肖，大快人心。從古到今，類似的故事不斷上演，人們百聽不厭。

我們可以用同樣的思路為品牌或個人宣傳，抓住核心讓某個物件成為更大事件的導火線：

- 一包速食麵，如何泡出一段波瀾壯闊的愛情
- 一個小扣子，如何幫他絕處逢生，擺脫困境
- 一個偶然的電話，如何讓他成為萬人迷
- 他不是救世主，如何用一個麵包餵飽3000人

沒有一件東西是小東西，關鍵是放在什麼地方，怎樣看。

每個人都希望偶然的好事發生在自己身上。結合漫畫、插圖或影片，利用故事情節放大商品或個人，吸引流量。上面列舉的標題是綜合宣傳規劃中的一個環節。如果要為產品或品牌做全年規劃，這個思路可以作為創意源泉，成為規劃中的重頭戲。

想一想……

你身邊有什麼小東西引發了大事件？

黑馬

反差手法有不同的程度，黑馬是其中的極端例子。賽馬場的黑馬一旦勝出，不僅賠率更高，贏家更會為自己獨具慧眼而驕傲。當全世界認定了某人某事不行，後來的結果卻出人意料時，常常讓人既驚訝又痛快！

我們的身邊充滿了這樣的例子，比如：「一臉的土氣又是農民工，沒想到，詩寫得那麼深刻！」還有大家都聽過類似這樣的故事：「個子那麼矮小，沒想到經過後天的努力，她成了芭蕾舞團的主角！」

我們的身邊還有不那麼極端的反差例子。例如，旁觀者會這樣評論最早在北京三環外買了房子的人：「你看他，當年全世界都說三環以外的房子太偏了，誰住那麼老遠去，沒想到他家一咬牙貸了款買，現在那裡變成市中心，都幾萬元一坪了！」

開始的時候不被看好或是被認定為不值得投資與關注，而結果出乎意料，讓人刮目相看。這些都是源於成見與突破成見的反差。成見是固定的認識，有時候是誤解，有時候是偏見，或者是

僵化、一成不變地看待事物。成見人人皆有，突破成見也是每一個人心中的潛在渴求。如果你的標題能夠抓住人們心底的這種需求，觀者便會主動關注。

- 全世界都覺得番薯不出彩，這家頂級五星餐廳竟然拿它當主角！
- 大家以為這裡是窮鄉僻壤，沒想到，愛馬仕都上門訂他家的圍巾！
- 人人笑他是小鎮青年，結果他一發言，全場張口結舌，鴉雀無聲！

用黑馬的手法寫標題，重點是突破成見。第一步先在人群中找成見，想想人們有什麼固有的看法，接著從成見中找突破，看看產品可以如何突破成見。如此這般，反差點便會出米，標題已經躍然紙上，面前有個電腦就行了。

讓人們大跌眼鏡之時，便是他們睜大眼睛看你之日。

> 想 想……
>
> 你寫的標題有沒有一匹黑馬隱身其中？

用否定來肯定

這種寫法有一種打翻身仗的意味，帶有民間傳奇的色彩。被人白眼冷落，結果鹹魚翻身，功成名就，衣錦還鄉，古有韓信、薛平貴，今有我們熟悉的傳奇企業家。薛平貴最終貴為皇帝，原來卻是個淪落街頭的窮小子；商品受到追捧，成功熱賣，雖然開始的時候被人冷落與誤解……道理相通。

- 成千上萬的歐洲人最愛的藍紋乳酪，雖然第一眼看有點像發黴
- 過萬用戶愛吃這個，雖然有些人覺得開心果做冰淇淋不倫不類
- 10 萬用戶最饞的一款，雖然大家以為減肥就吃不上美味

以上的例句是把正面的結果前置，以從前的否定托底，形成強烈反差。開心果做冰淇淋、藍紋乳酪都是人們看不慣的，而這種看法只是偏見和約定俗成的思維習慣，這種思維上的偏見與商品翻身後的成功相互對比，產生趣味性。以否定來肯定，是從另一個角度入手來滿足對方內心的渴求。

想一想……

「用否定來肯定」句型不一定需要將結果前置，你認為還能如何寫？

提醒

誰不希望擁有穩定的社會地位，以個人的能力獲得社會的認可，贏得別人的尊重。每個人都希望受到別人尊重，在衣食無憂的生活狀態下，這種心理尤為迫切。但是，在匆忙的生活中，人們往往容易忽略一些生活小節，這些小節看似微不足道，卻會導致一個人的地位和形象受到損害。

- 你穿著家居服見客人會不會尷尬？
- 車裡有股味，別說你習慣了
- 看不懂兒子的英語課本，你會不會臉紅？

- 幾分鐘就要拉一下內衣帶子，莊重時刻你怎麼辦？
- 口紅出鏡了，你能及時發現嗎？

　　客人突然來訪，你難看的家居服會影響你在客人心目中應有的形象；車裡有股異味，同事坐上你的車，對你的印象會大打折扣；你看不懂兒子的英文書，會不會被兒子甚至學校的老師與鄰居看不起？在莊重時刻不停拉內衣帶子，不管你是外交官還是公司祕書，別人會如何評價你？口紅塗得太外行，整個電梯裡的白領會怎樣看你呢？

　　利用人們對外部尊重的需求，考問他的現狀，提醒對方審視現實，便能吸引他的注意。

我們都太忙了，互相提醒，對大家都有好處。

找人撐腰

　　人們看微博、微信，就像是面對正在演說的人，每條訊息的背後都有一位演說家，一人一台戲，爭相吸引觀眾的注意力。吸引人有無數方法，找人幫你撐腰，讓自己更有底氣，讓對方信賴你，是一個方便的做法。假如產品或內容有名人背書，當然可用名人當標題。

- 五星大廚最愛的水果刀，鋒利得很，削個椰子嘗嘗
- Lady Gaga 最愛用的護手霜，潤澤她那雙彈琴的纖纖玉手
- 連愛馬仕都被圈粉，沒見過那麼酷的山居旅店
- 歐洲名模人人一雙的短靴子，這才算真有型

　　假如沒有名人，可以自創名人，影片章節已有提及，這裡不再複述。此外，數據、權威組織與科學研究、專家定論都能為標題撐腰。

- 地球上超過 60% 的人感到迷失，你在哪兒？

- 數據顯示，全世界最多人出生於星期四，你呢？
- 全世界最普遍的英文名是 Mary 與 James，不想當普通人，看看這些英文名

找不到為你撐腰的人，也能找到為你撐腰的事，前提是找。

　　有趣的數據可以作為內容的引子，成為標題，為你的內容撐腰。現在有那麼多的資訊，只要我們多下功夫搜索有關資料，同時養成時時觀察和收藏的習慣，揮一揮手，招呼招呼，隨時可以搭上順風車。

想一想……

如果找不到名人，還可以用什麼方法找其他人為你撐腰？

還有誰

　　一艘滿載難民的輪船快要拔錨起航，可船長還想救更多的人，於是大聲喊叫：「還有誰上船？」以上場面常見於好萊塢的老電影。我覺得這一句「還有誰」看上去簡單，實則資訊量很大，借用它來寫文案，能輕易成為一種寫法。

- 還有誰不希望一天多出來一小時？
- 還有誰不想坐著都能瘦？
- 還有誰不想躺著都能賺錢？
- 還有誰不想靠吃零嘴來美肌？
- 還有誰不想加班第二天依然美艷動人？

　　船長說的「還有誰」，上船是為了活命，求生是戰火中不幸難民的唯一需求。至於以上例句中的時間不夠用、身材不好看、

想吃又怕胖、早上起來吃上熱乎乎的營養早餐，雖不至於關乎生命，但也是現代人內心迫切的渴望。

這種寫法單刀直入，效果立竿見影。如果你對這些話無動於衷，不想一天多出一小時，不想躺著都能賺錢，你就落單了，相當於上不了船的那個人。而且，「還有誰不想坐著都能瘦身？」代表我擁有足夠的資源，能夠回應你內心想減肥又懶得動的需要。「還有誰不想加班第二天依然美豔動人？」寓意著我有相應的能力使你在熬夜後還能精神煥發、光彩照人，背後是個權威性的答案。「還有誰」句型帶出的是承諾，我們要深入研究對方真正及迫切的渴求，讓你的承諾與對方的渴求完美相遇。

「還有誰」的寫法讓人獲得不可多得的機會，以滿足內心的渴求，還有誰想落下？

船長說「還有誰不想活」，你可以寫「還有誰不想更好地活」。

給他高回報

商品是用於交易的。這裡所說的不單是人們以金錢換商品，還有買回商品後，人們能得到什麼。每一件商品賦予人們的，都有超越商品本身的功用。例如，一把電鑽，是為了牆上的洞孔可以掛上心愛的畫作；一個相框，是為了思念一個人。

從商品那裡獲得高回報應該是每個人心中的願望，人人都希望得到更多。回報有物質效果與情感收穫。某些商品天生具備情感回報，如戒指、寶石、名牌服裝、香水等奢侈品，某些商品卻明顯欠缺這些。可喜的是，萬物有情，而人類又是情感動物，所以世間任何事物幾乎都可以與情感結合。利用這一點，我們便可以用高情感回報進行創作，輕鬆寫標題。

- 送他一隻手錶，讓他分分鐘想你
- 這杯自釀啤酒，如何幫江湖大佬交上 100 位知心朋友
- 5 元食材撫慰一家人整天的辛勞，這鍋白菜豆腐太暖心

一杯啤酒，交一生朋友，是啤酒變成了友誼回報給酒友。一只手錶看來平常，卻使戀人彼此時刻思念，只要看到手錶便會感到溫馨，從而成為鞏固雙方情感的紐帶。這種寫法相當自由，只要深入思考產品的特性和受眾的需要，抓住核心，可用的詞句俯拾皆是。

此外，高回報還能理解為只要少量投入便可收穫可觀效果。這種寫法十分符合人們的心理狀態。例如，產品包裝常見的加量不加價、買一贈一、第二件半價、免費多送 300 克、套裝十件加送三件，還有令很多女生歡欣雀躍的各種小贈品，都是人們內心渴望高回報的寫照。

- 這瓶大地魚粉，放一點，鮮十倍
- 一條圍巾，溫暖一生

低成本，高回報，誰不喜歡？

文案的工作是放大收穫。一旦明白這一點，餘下的只要付諸實踐。付出更少，得到更多，符合人類的本性，利用這種心理進行宣傳，也一定事半功倍。

預言家

不知道下個星期你的星座運勢如何？生肖屬牛的今年財運、事業運怎樣？來年你是應該跳槽，還是應該留在現在的公司按兵不動？假如不是屬牛的，那麼，屬豬的、屬馬的、屬狗的下半年會不會有機會賺得一筆意想不到的橫財？假如你對星座和生肖運勢沒興趣，那沒關係，我們可以聊聊對世界末日的預測。不想聊這些倒楣的事，那麼我們可以聽聽經濟分析師預言下一輪牛市將在什麼時候到來，讓我們翹首以待。

人類對未來永遠充滿憧憬與好奇，總希望從預言家身上獲得某些啟示，令明天更有希望。正是因為人類對未來有永無休止的期盼，才能披荊斬棘發展到今天的現代文明。我們每個人心中都預裝了期盼未來的思維。利用這個預裝的思維設置，我們可以輕鬆寫標題：

- 天靈靈，地靈靈，明年流行什麼髮型？
- 時裝界預言未來一年的大趨勢是大格子 + 小格子
- 應付下一個水逆，一定要試試這個草莓裝
- 明年冬靴趨向機車風，你能跟上嗎？
- 未來的廚房趨向虛擬主義
- 下一季流行的芥末色包包，提早提上一個！

　　預言可以寫成純預告式的標題，例如美妝界預言、流行大趨勢、未來 365 天的走向、行業專家推測某種趨勢等。「下一季流行的芥末色包包，提早提上一個！」包含了預告未來的流行趨勢，同時使對方感到別人沒有，唯我搶占先機。

　　這是一個迎合了人類本性深層需求的寫標題的方法，因為符合本性，所以相當有效。

難道是人們感到眼前的一切太不堪，以至認為未來總比眼前更有吸引力？

想一想……

馬上當個預言家，即刻試試預見未來。

大多數與少數

　　我們經常會聽到類似以下的雞湯金句：

- 大多數人求別人，少數人問自己
- 大多數人找藉口，少數人尋答案
- 大多數人按規律辦事，少數人創造規律
- 大多數人說話炫耀自己，少數人說話賞識別人
- 大多數人說理論，少數人去實踐
- 大多數人說的都是別人身上的肉，少數人自己練肌肉

大多數與少數的
問題，是大多數
人想當少數人，
大多數人關注的
小，其實還是大
多數。只有少數
人關注的大，才
能成為真正的少
數。

大多數人與少數人是個無限的話題，從古到今，歷久不衰。從古語的「勞心者治人，勞力者治於人」，到今天的新聞標題「極少數人能臻于理想，大多數人已被現實收養」，說的都是一回事。

「大多數與少數」背後隱藏的不外乎是大多數人是普通人，少數人是精英；大多數人笨傻，少數人精明；大多數人隨波逐流，少數人引領潮流。誰都不想當大多數人，都想成為少數人，所以為人們提供一個成為少數人的機會，標題自然會有吸引力。

- 食物調理機，95% 的人都買貴了，只有 5% 的人懂得挑這個
- 保險，95% 的人以為愈多愈穩，只有 5% 的人知道好保險一份勝七份
- 紅酒最高榮譽，99% 名酒被淘汰，這瓶老藤竟黑馬勝出

「食物調理機，95% 的人都買貴了，只有 5% 的人懂得挑這個」說的是在同樣的品質下價錢最低，「保險，95% 的人以為愈多愈穩，只有 5% 的人知道好保險一份勝七份」說的是這份保險比其他同類產品更周全。如果產品有過人之處，可以把優點放在少數的那一邊陳述。

怎麼好意思

我曾經讀過一篇有關日本自殺率居高不下的文章，不少日本老人由於退休後失去工作能力，感到自己對社會沒有貢獻，失去安全感、歸屬感、成就感，最終因為自尊心受到傷害而自殺。自尊對人的生存狀態至關重要。自尊心得到滿足形成自信，是個人成功的基石；自尊心受到打擊，可能令人一世低沉，甚至走上絕路。

自尊心受他人評價、社會因素的外在環境影響。既然外部因素如此關鍵，我們可以把商品作為外部因素，影響消費心理。

- 人家想讓你送回家，你怎麼好意思說沒有車
- 人家在聊度假，你怎麼好意思宅在家

　　恰到好處地輕傷對方的自尊心，是一種有效的交流方法。但這種寫法需要考慮受眾的心理，輕輕擊中對方的自尊，不能太過。國外曾經有一條汽車電視廣告，開場是一群孩子剛下課從學校走出來，其中一個小女孩走向一輛豪華名車，上車後，駕駛座上的那位媽媽莫名其妙，因為上車的人不是自己的孩子。小女孩是因為看上這輛好車而上車，背後是虛榮心作祟。這種手法讓人不舒服，不值得效仿。使用這種標題寫法，需要拿捏得當，以免效果適得其反。

自尊心很寶貴，不傷不關注，傷重有危險。

夠厲害

　　「夠厲害」是一種古老的銷售方法。

　　過去國外普遍以支票訂購商品，一些高級名貴的商品的直銷郵件會請買家先訂貨付款，並說明如果商品賣完、來不及供貨，立刻會把支票郵寄退還。言下之意，一是商品很高級，二是數量有限，三是即使你及時匯款到帳，也未必一定能夠買到。

　　這種手法讓買家感到憋屈不舒服，這種不舒服會變為壓力，壓力進一步轉化為買不到便像是身分不夠，錯失一個向上的良機，剩下的只有遺憾。現代版本的各種饑餓行銷，例如購買限量版的球鞋需要先抽籤再限量，全是殊途同歸。

　　人通常都懼怕自己錯失了向上攀登的機遇。人往高處走，是人類內心基本的需求之一，所以把自己抬高一點，有時候更能讓人仰望，更有說服力。

- 當一頓晚餐成為藝術鑒賞，誰夠資格入場
- 傳說中的《千里江山圖》，世上沒多少人見過
- 這款按摩棒，除了貴，沒其他缺點
- 全歐洲最長的單車道，風光無限，誰能一騎絕塵

- 想點菜，對不起，你沒資格到這裡享受

夠不到的果子永遠最甘甜鮮美。

　　這種寫法意思基本上是「我夠厲害」，讓人感到高不可攀，其難點在於內容中的事物與人物必須夠厲害。內容夠分量，使用這種寫法輕鬆不過。

請注意

　　警告關乎眼前，關乎生命。例如，疫情期間出門請戴口罩，乘客在旅途中請勿打開飛機上的緊急開關，請勿讓兒童接近火源。警告讓人提高警惕，使用警告的句型寫標題能讓人打起精神，關注內容。

- 小心：一般的指紋識別，駭客很容易得手
- 注意：40 歲還沒管人，到 70 歲小心沒人管！
- 在辦公室老坐著，容易大腦退化！

　　安全需求是人類的基本需求，如果這個層面出問題，一切歸零。也正因為如此，這種標題寫法有一定的威懾力。人一旦產生危機感，便會出於本能去關注，你的標題自然會完成它該有的使命。

　　請人注意的事情不一定與安全相關，也可以與後果相連，例如：

- 注意：做比薩不放這調料，屬於假冒偽劣
- 購買人壽保險小心這 2 個雷區！
- 注意：熊市來臨前的 3 個警號！

　　一個警告標題，可以讓疲憊的人們打起十二分精神，值得一試。

想一想……

收集你身邊的警告作為標題儲備

使你、令你、讓你、給你

根據國外的一個網站統計，使你、令你、讓你、給你是最受歡迎的標題形式。某某事物能讓你、使你、給你產生某某效果，關鍵在於賦予對方獲得感。只要人們從標題中看到自己將有所收穫，自然會繼續看下去。

- 這 10 句台詞，在黑暗中給你最亮的光
- 這 100 元，令你一生榮華富貴享之不盡
- 保證令你笑爆的 10 個梗，別說你不知道

利益點是寫標題的重要元素。讓對方感到有所收穫，便能吸引眼球。句型上不一定需要包括「使你」、「令你」、「讓你」、「給你」這些字眼，例如我們常見的「穿上就顯瘦」、「敷上便能睡出尖下巴」等都是在給你、令你、讓你，都是在賦予人們明顯的利益點。寫標題的時候，想著內容能賦予對方什麼，從對方的需求出發，便會有所收穫。

得到源於欲望，正是這種永無休止的不滿足，驅使人類不斷向前。

想一想……

你的內容是否能為對方賦能？能夠為對方帶來什麼利益？

內幕消息

- 這建案附近會通地鐵嗎，誰誰誰有沒有內幕消息？
- 競爭對手憑什麼每年有 20% 的增長，有沒有人認識那邊的人可以瞭解一下？
- 這是很可靠的內部消息，最近高層決定今年凍結薪資！
- 到底比稿輸給了誰，對方是什麼來頭？他們憑什麼贏了，使的是什麼招數？能從客戶那邊打聽打聽嗎？

凡是內幕消息，人們都喜歡打聽，因為這些消息只有部分人士掌握，所以顯得更難得。愈難得，人們便愈想知道，愈想知道，自然會主動關注。寫標題的時候，用上這個方法，可以吸引眼球。

- 金牌賣家不想你知道的 3 個大招
- 指數基金怎樣穩賺不賠？聽聽金牌理財分析師怎樣說
- 正宗港式蛋塔怎樣做，茶餐廳老闆打死不會說出來，這是偷聽到的

可靠消息來自掌握消息的人，我們會相信懂行的專家。例如，我們每天關注的天氣預報便是來自懂行的氣象專家的科學分析。書評人、影評人、樂評人、經濟分析師都扮演同樣的角色。所以，寫這類標題，第一可以用行業專家。另一種方法是加上「鮮為人知」、「不輕易透露」、「不會隨隨便便說出來」、「不會說給外人聽」、「只是小範圍流傳」等語句來加強消息只有部分人士掌握，十分難得，相當可靠。

以下這種思路也可取：××個鮮為人知的因素影響你的××。這種思路包括了鮮為人知的原因，數字的吸引力，還有對方關注的問題。

- 3 大隱形因素影響你的櫥窗效率，懂行的不會輕易透露
- 老闆給你加薪多少，原來有這 3 個不為人知的因素

• 考哈佛，原來要具備這 2 項不被公開的條件

善用內幕，能鼓動人們窺探一番，只是內容必須具備相當分量，莫負別人的窺探。

大家都是局外人，局外人都喜歡看內幕。

加上「你」

常聽長輩說，跟別人說話，要看對方的眼睛，哪怕不看眼睛，也要看人中，不看人中，起碼要注視對方的肩部。人與人交往，需要基本的禮貌與尊重。這些訓示很有益處，把它們應用在工作中，便能推想出一種寫標題的方法。

社群媒體的標題，跟人與人面對面一樣，同樣是一對一的交流。縱然點擊量萬千，始終是一個人在看一部手機。所以，我們在寫標題的時候也要遵從長輩所說的，要看著對方，要加上「你」。

如果沒有「你」：

世界最美的小村落

加上「你」：

世界最美的小村落，怎能缺了你

如果沒有「你」：

15 天超強體重管理

加上「你」：

給愛自己的你：15 天內實現超強體重管理

如果沒有「你」：

滋補好湯：胡蘿蔔山藥煲龍骨

加上「你」：

胡蘿蔔山藥煲龍骨，我知道你愛喝

如果沒有「你」：

10 個神奇的錯視覺

加上「你」：

10 個神奇的錯視覺，你有沒有看錯

沒有「你」絕不是好事。如果沒有「你」，好標題從何而來？

　　人們普遍有事不關己、己不勞心的心態，這是由於事情跟自己無關，不理會也不會帶來任何損失。一旦在標題中加上了「你」，馬上能邀請對方參與進來。「世界最美的小村落，怎能缺了你」、「胡蘿蔔山藥煲龍骨，我知道你愛喝」，讓對方感覺受到尊重和被關心。這種寫法是使對方感到事情與自己有密切的關係，不看好像對不起自己。

想一想……

將你寫過的標題加上「你」，看看有什麼不一樣。

搞錯了

固有觀念一般都經不起時間與事實的考驗。例如，古代人說女子無才便是德，令很多現代女生火冒三丈，認為這是封建禮教的糟粕、要不得的謬論。我們生活中更有許多經不起推敲的誤解，例如銀髮族微信群常轉的生活小百科：蜂蜜加豆腐腦會導致耳聾，葡萄皮發澀最好吐掉，山楂太酸要少吃，花生與番茄一起吃會導致消化不良。還有一些誤解或謠言至今還常被引用：我們的大腦只開發了 10%，90% 都沒被用上。

如果大家都認為固有的看法有錯，希望獲得正確的答案，那麼我們何不利用這些固有的看法和說法，輕鬆寫標題。

- 誰說麗質必須天生？
- 誰說內向的人不具競爭力？
- 別以為秒回微信等於高效率，老闆可能對你另有看法
- 世界真的愈來愈糟糕？要不看看這些全球脫貧數據
- 別以為好車只看牌子和馬力，不看底盤的後果你想過嗎？

「誰說麗質必須天生？」可作為整形機構或相關美容療程文案的標題。我們還可以利用許多社會普遍的看法和認識來寫標題，例如：世界變得愈來愈糟糕，社會變得愈來愈不好，高學歷等於高能力，不愛收拾的人，人生不會有所成。這些謬論與說法隨處可見。

錯有錯招，利用別人的誤解來減輕自己工作上的負擔，沒錯！

想一想……

收集你身邊的謬論作為儲備，成為你的標題素材。

列為清單

　　清單式標題十分普遍，因為這類標題一清晰，二方便理解，三有獲得感。清單的基本元素包括數字、內容核心以及利益點。數字能讓受眾感到清晰明瞭，加上利益點，可以進一步加強獲得感。

- 做不好文案有 3 大原因，教你如何面對
- 今冬流行這 9 款疊穿，別說你還沒試
- 行走江湖必讀的 3 本世界史，看完誰敢小看你
- 裝修網店 8 個體面好方案，助你日接萬單
- 日本書寫協會評出 3 支最佳簽字筆，寫得行雲流水
- 自製梅酒看這 3 項注意，喝到醉
- 棺材俱樂部推薦 10 款 DIY 壽終正寢好物，死也要試試

　　寫清單式標題的關鍵必須從內容入手。如果內容能梳理成清單，變成多少個原因、多少個答案、多少種結果等等，那麼這種方法簡單容易，人人能學會，馬上能寫好。

清單是一張清楚的單，你給了，人家就買單。

　　上面提到的棺材俱樂部真有其事。紐西蘭與美國都有類似的民間自發組織協助老年人輕鬆面對人生終點，俱樂部中的老人會自己 DIY 棺材，裝點人生的最後一個家。

問題是

　　國外有一個調查顯示 4 歲小孩平均每天問 390 個問題，算下來大約 2 分半鐘發問一次。我看到這則報導時感到有點唏噓。為什麼我們長大了不愛發問，是基於自尊心還是安全感，抑或是人長大了便視而不見，充耳不聞，變得麻木了？

　　假如我們忘了問，那麼我們可以在寫標題的時候多用問句型，因為個中的好處數之不盡：

- 一個問句標題等於向對方發出一次邀請，請對方參與進來。
- 問題能加強對話感，為你打開溝通之門。
- 問題讓對方感到事情與他相關，具有針對性。
- 問題引領目的，問句標題能把受眾引導到你的答案。
- 問題往往能讓人感到事情迫切，能激發行動。
- 問題迎合成年人殘餘的好奇心，吸引眼球。

愛因斯坦告訴我們要質疑一切，個人的創造力源於一個人是否願意發問，是否願意尋找答案，哪怕沒有答案，我們都可以從問題中獲益。

- 為什麼膽小鬼更適合當文案？
- 女生 20 歲前必須對著鏡子搞定哪 3 件事？
- 橘子加乳香的護體霜，渾身香到底是什麼感覺？
- 住 6.05 坪蝸居，為什麼他們看來如此高貴？

你肯定有了答案才會寫出問句型的標題。這種寫法，一定不會出現任何問題，因為沒有人能容忍問題沒有答案，看見問題，人們自然會從你的推文中尋找答案。

問題是我們是否願意發問。只要問問題，就會有收穫。

> 想一想……
>
> 將你剛剛寫完的標題變成問句，比較一下效果。

指南與祕笈

到訪陌生的地方，人們總希望有人領路。我們在旅遊出發前看各種旅遊攻略，便是為了減少內心的不安定因素，掌握更多，

既能降低風險，又能讓自己吃好住好玩好，在旅途中收穫更多。面對新鮮的事物，人們同樣會感到陌生。指南與祕笈類的標題能提供指引，讓人獲得比較全面的資訊，少走彎路。

- 冬季眼妝終極指南，看一眼美到初夏
- 十分痛快的快手全攻略
- 字體設計終極祕笈，新手 3 天學會
- 深度學習終極指南，看完這 13 步即刻升維
- 留美學生終極安全指南，為自己為家人你必須看
- 梅雨天過得不霉的南方生活指南，天天清清爽爽

　　指南與祕笈的核心是賦予對方資源和方法，再加上利益點，讓對方感到收穫更大。理想的旅遊攻略不只提供路線，還會帶人們到人跡罕見的地方、最具地方色彩的小街，品嘗只有當地人才會享受的地道美食。社群媒體上理想的指南和祕笈也一樣，內容創新獨到有意思，必然引人入勝。

大家都在迷途中，人人需要指南針。

> 想一想……
>
> 將你的內容整理為祕笈，看看指向何方。

千萬別錯過

　　國外有一個詞叫 FOMO（Fear of Missing Out），直譯為「害怕錯過」，指人們因害怕錯過社群媒體上盡人皆知的事情而產生焦慮與失落感。國外的數據顯示，世界上有超過一半的人因為擔心自己錯過資訊，害怕成為局外人而患上局外人恐懼症，變得手機不離手。

FOMO 可能是一種病態心理，也可能是正常的內心恐懼。我們身邊到處可見利用 FOMO 的行銷手段，例如秒殺倒計時，訂酒店時彈出來的「只剩一間」，受邀才能參加的品牌活動，各種限時限量版。怕錯過是現象，也是一種心理，更是一種寫標題的好方法。

- 下午 4 點，這縷陽光會選擇照進 3 間海景房，你還等什麼？
- 有些東西過去了便永遠不再來，例如這冬季限量版
- 不知道金熊獎誰得獎，你是不是有點自暴自棄？

這種方法結合了緊迫感與威脅性，調動起對方內心潛在的恐懼，寫的時候多注意情緒的掌控和調動即可。

怕錯過去，便會湊過來。

想一想……

收集優秀的 FOMO 標題作為例句，用在你的工作中。

如何與怎樣

望見樹上掛滿成熟的果子，人們會琢磨如何摘下來；看到河中魚兒游來游去，人們會想辦法捕獲。從古到今，人類以「如何」與「怎樣」為手段，滿足收穫的目的。原始人在曠野琢磨怎樣捕獵野獸，現代人在馬路邊看見豪車心潮澎湃，忖量自己如何才能擁有，兩者只是時間相異，性質基本相同，核心就是達到「獲得」的目的。

「如何」與「怎樣」的標題必定含有某些元素，讓人們感到必須獲得。獲得的可能是人們嚮往的生活、夢寐以求的好事、解決困難的方法、實用的資訊、有趣的見聞、獨特的見解、透徹的分析，這些在行銷學中統稱為「利益點」的好處，實質上就是人

們抬頭望見的那些果子。

- 如何果斷辭職，到世外桃源去改變世界？
- 如何在淡季賣到盆滿缽滿？
- 怎樣利用商品陳列，在小超市得到大效果？
- 如何讓自己擁有自由的意志、獨立的精神？
- 怎樣在家做奢侈美食——分子料理？

「如何」與「怎樣」風行世界，家喻戶曉，童叟無欺，功效顯著，一試便知。

　　「如何」與「怎樣」調動人們的求知欲，人們一旦關注，自然得魚忘筌。寫這種標題，要領在看內容。內容足以成為樹上果子，讓人有所收穫的便符合使用條件，把利益點清晰地說出來，便能成標題。只要內容充實，這可能是最簡單容易的寫標題方式，不知道你覺得怎樣？

動感情

　　人類到底有多少種情感狀態？喜悅、悲傷、敬畏、輕視、驕傲、羞恥、憤怒、恐懼、厭惡、緊張、感慨……加上那些無法言表的微妙情緒，情感之豐富，真是令人驚歎。情感對於標題，就像是傳播中的推進器。推進器的先行者古希臘哲學家阿基米德，利用槓桿原理將大石塊投向羅馬軍隊，任何一個羅馬士兵靠近城牆，都逃不過這位智者的飛石。情感在標題中的作用，相當於阿基米德的飛石，只要投得準，誰也躲不了。

　　使人們感到信心滿滿：

　　如何在老闆面前立場堅定態度婉轉，成功加薪？

　　令長者充滿活力，感到年輕：

　　這一雙鞋太潮了，連你的女兒都追到氣喘

令人感到不可思議,為之感動:

義勇狗狗救海豚,看到心都化了!

令人緊張,打開對方迫切感的大門:

熊市投資 3 大招,花 5 分鐘立即學會

令父母產生迫切感,感到這一課如果不補就是罪過:

你的孩子情商有多高,看這 5 條就知道

寫完標題需要檢查,看看有沒有被自己所寫的標題牽動情感。如果自己不為所動,如何可以觸動別人呢?

上面提供的建議只是萬千方法中的一小部分,例如蹭熱點就不在上面掉供之列。熱點每年每月每天每時每分每秒都在更新,在這裡舉出任何例子都會瞬間變得陳舊過時,大家隨時隨地去觀察,比看一些過時的熱點更貼題、更有用。社群媒體文案要求及時、靈活、主動,標題的寫法千變萬化,這裡不可能做到包羅萬象。

寫到這裡我突然想到香港作家李碧華說過,好男人不過是一瓶驅風油。我不是男人,更不會是個好男人,但我希望上面的一切能夠成為你手中的那瓶驅風油:居家出行,提神醒腦,有備無患。

世上只有情無價,冷漠無情不可行。

CHAPTER
03

輕輕鬆鬆寫海報，
終極祕笈在這裡

海報具有悠久的歷史。220 年前，歐美已經開始批量生產海報。
海報是政府對民眾、商家對顧客的重要宣傳媒介，
後來更有舞臺劇、音樂會、電影、公告等各類海報出現。隨著海報的普及，
平面設計水準有了空前的飛躍，而字體設計也緊跟海報的美觀需求應運而生。
今天，懷舊海報更成為藝術愛好者的收藏品。

乍一看，懷舊海報與今天一般的海報感覺很不一樣。
但細想之後，我們會發現這些海報與今天優秀的海報具備相同的特點：

- 資訊一目了然
- 標題短小精悍
- 圖文配合完美

「一個人喜歡另一個人，往往發生在剎那之間；
　　海報也一樣，一眼定終身。」
　　　　　　　　　　　　　　　　——林柱枝

海報四要素

從美學的角度分析，海報是藝術；從宣傳方面看，海報是媒體。海報儘管形式多變，但其本質或規律卻萬變不離其宗。所有海報宣傳都包含以下四個要素：

- 誰對誰說？
- 要說什麼？
- 在哪兒說？
- 要達到什麼效果？

以上四個要素，是做任何宣傳工作都必須面對的。下面以一家實體牛奶店作為例子說明之。電商與實體店的道理相通，電商看數據，實體店看現場，都要求文案用心觀察。

誰對誰說？

你是誰？你是一家牛奶店的店主，還是為牛奶店構思海報的文案？如果你是店主，你一定有不少想法希望與顧客溝通；假如你是受店主委託的文案，你的客戶也必定希望透過海報達到傳播效果。無論你是誰，寫海報與做其他宣傳一樣，你需要深刻瞭解到底你要對誰說話。

「對誰說」包括知道受眾是誰，他的年齡、性別、生活狀態、喜好、習慣等。寫海報與做廣告一樣，需要進行目標消費群分析。寫的時候需要在心裡將對方描繪清晰，感到對方猶如坐在你跟前，你要從外到內好好觀察他。

想知道你的海報要「對誰說」，最佳的辦法不是調查研究，而是觀察。從數據與評價中看到對方的方方面面。假如是實體店，用心觀察是最有效、最直接、最方便的辦法。假如是電商，需要用心分析數據的各個維度，從中找到問題的答案。

設想你要為牛奶店做一張實體店海報，你必須好好觀察，自問自答，看清楚受眾。

誰去牛奶店？

- 帶孩子的父母（孩子 2～8 歲，父母一般 20～40 歲）。
- 帶孩子的爺爺奶奶（孩子 2～8 歲，爺爺奶奶 50～70 歲）。
- 沒帶孩子的爸爸媽媽（一般 20～40 歲）。
- 沒帶孩子的爺爺奶奶（一般 50～70 歲）。

誰在消費？

- 成人付費，孩子享受。只有少部分媽媽會與孩子一起品嘗。

他們的生活有什麼特點？

- 生活圍繞孩子展開，基本上圍著孩子轉。

- 十分關注孩子的營養和健康，只要聽到對孩子有益的事物都特別感興趣。
- 願意為小孩花錢。
- 居住在這個社區的家長都精打細算，喜歡各種優惠。

他們的家庭收入怎樣？

- 牛奶店位於中產階級居民社區，停車場的車以合資中階檔為主，結合社區居民的衣著和談吐，可判斷目標受眾為小康之家。

他們為什麼到牛奶店？

- 希望孩子吃上營養有益的乳製品，滿足家長渴望孩子健康成長的內心需求。
- 牛奶店像「營養健康」小吃店。家長們認為牛奶店的食品有營養，帶孩子到牛奶店買點兒吃的，是不錯的去處。

他們在牛奶店逗留多長時間？

- 這家牛奶店在居民社區，面積小，只能放下一張小桌子和四把小椅子。如果有空位置，顧客會坐下來消費。
- 沒位置或趕時間的顧客會外帶。
- 不少人週末或接送孩子時順便光顧。大部分人買完就走，不會逗留超過 10 分鐘。

以上分析有不同名稱：「消費者掃描」、「目標消費群多維度分析」、「受眾 360 觀察」……這些名稱是動聽的幌子，關鍵還要看分析的內容。

如果你希望建立個人品牌，道理相通，你必須想清楚對方是誰，他心裡想要的是什麼。搞清楚你要跟誰說話，是任何宣傳推

對方是誰都不清楚，還說什麼？

廣、建立品牌的首要任務。這一點對新品牌尤為重要。

想一想……

你家附近有麵包店嗎？看看什麼人在消費。要養成隨時隨地觀察消費者行為的習慣。

要說什麼？

這家牛奶店的海報基本可歸納為以下幾種：

- 有關牛奶益處的海報。
- 奶源海報。
- 新產品推廣海報。
- 儲值套餐海報。

目前牛奶店需要做一款海報，推出新品「希臘優酪乳」。店主認為以下為產品特點：

- 絲滑美味，口感豐盈。
- 含豐富蛋白質。
- 比一般優酪乳含更豐富的鈣質，一瓶即可滿足孩子每天所需。
- 新品優惠價每瓶 7.9 元，原價 10.9 元。

創作任何海報，請先羅列所有賣點，根據受眾內心的渴求排序。假如一些賣點不是對方心中渴求的，請果斷刪掉。

根據上面對受眾的觀察，我們知道家長最關心孩子健康成長，所以「鈣質更豐富」是第一賣點。社區居民是小康之家，優

惠價對他們還是相當有吸引力的,因此第二賣點是新品優惠價格。第三是蛋白質,第四是好口味。口味放在最後是由於這方面的好評很多,不用再三強調。

賣點必須以使用者的渴求為準,而不以產品或賣家的需要為重,因此,「希臘優酪乳」海報上產品賣點順序為:

1. 比一般優酪乳含更豐富的鈣質,一瓶即可滿足孩子每天所需。
2. 新品優惠價每瓶 7.9 元,原價 10.9 元。
3. 含豐富蛋白質。
4. 絲滑美味,口感豐盈。

無論你是要為一家世界 500 大企業創作大型推廣文案,還是為這家小牛奶店進行商品宣傳,抑或是為電商賣流行美妝,為賣點排序是基本動作,也是必要步驟。整理賣點必須根據使用者內心的渴求而定,而不是從賣家的情結或產品功能出發。

想一想……

你要寫的海報有多少個賣點,什麼是必須保留的,什麼需要立刻刪除。

整理賣點的同時必須將資訊濃縮。海報不是小說,文案不能鋪陳,必須精簡。

濃縮前:

比一般優酪乳含更豐富的鈣質,一瓶即可滿足孩子每天所需。

濃縮後:

你覺得好不算好,受眾覺得好才算好。

一天喝一瓶，鈣質有保證。

濃縮前：

新品優惠價每瓶 7.9 元，原價 10.9 元。

濃縮後：

限量優惠 7.9 元。

賣點必須濃縮，因為受眾的時間有限，你的時間同樣寶貴。

想一想……

隨時隨地看看身邊的海報有沒有濃縮賣點。假如沒有，你
來試試。

在哪兒說？

「在哪兒說」包括兩個層面，第一是海報最理想的位置在哪
兒，第二是張貼的位置對資訊的內容有什麼影響。

假設這家牛奶店位於市中心的社區。基於物業的管理規定，
門前或店面玻璃上不得張貼任何宣傳海報。牛奶店面積比較小，
所以海報只能放在銷售點後面。這樣，顧客在付費時，店員可以
利用身後的海報推銷希臘優酪乳。這是海報最理想的位置。

客人習慣匆匆付錢，海報不可能承載過多資訊。由於靠近銷
售點，這個位置決定了海報必須將優惠價格放在明顯的位置。這
是位置對內容的影響。

海報和人一樣，應該有它的理想位置，放置在最合適的地方，才能發揮最大作用。

舉個反面的例子。我在某大學校區附近見過一張不孕不育醫院的海報，印象十分深刻。按說大學校區放保險套的海報比放不孕不育醫院的海報更合理。一張不孕不育醫院的海報放在大學校區，難道是沒有其他地方放了？可能是醫院獲得了一個免費位置，「誰對誰說」和「在哪兒說」均不在其考慮之列。

我們必須考慮位置。海報的內容、字數及排版均需要與所放之處匹配。位置影響效果，此原則適用於室內戶外、線上線下、橫豎版面，甚至是個人品牌。如果你只在線上宣傳，那麼你需要考慮海報什麼時間放，放在什麼位置，公眾號的海報宣傳應該星期幾放、幾點放人流最多。建立個人品牌，你必須考慮自己應該活躍於什麼管道，什麼平台，在哪裡宣傳才能更好地展現你的優勢。

位置的好壞決定你收獲的大小

想一想

以使用者的角度觀察周圍的海報，看看有沒有罔顧位置的例子，從中學習。

要達到什麼效果？

「要達到什麼效果」相當於傳播目標。這張牛奶店海報的宣傳目的是什麼？店主的想法，一是介紹希臘優酪乳，二是透過新口味促進銷售。

這兩點看起來都是目標。但仔細想想，我們會發現，第一點是手段，第二點是目的。這張海報透過傳播「希臘優酪乳」的賣點來完成銷售。達到銷售的終極目標，可採用不同的手段：推出新產品、新口味，提升服務，建立品牌美譽度，增加溢價能力，

以加量裝、組合裝、促銷裝促進銷量。大衛·奧格威有一句名言：
「一切為了銷售，別無其他」，可以說是商品推廣宣傳之真理。

假如你的海報不是為了商業推廣，目標不是銷售商品，而是
告知人們吸菸的危害，你同樣需要清楚海報需要達到什麼樣的宣
傳效果，然後考慮你該宣傳什麼資訊才能達到你的目的。

打造個人品牌亦復如是，以上四點均為必答題。你必須知道
你要對誰說，你要說什麼，最優化的平台是什麼，你希望達到什
麼效果。

海報文案怎樣寫

文案應該如何寫才能做到資訊一目了然？以下提供一些思路
供大家參考，建議同時參照本書有關影片與社群媒體的文案標題
寫法，靈活應用。

不囉唆
·········

囉唆很可怕。西方諺語說：「寧可孤孤單單在閣樓終此一生，
也不可與囉唆的女人共處一室。」囉唆的人一般性格猶豫，做不
了決定，說來說去不清楚自己要說什麼，哪怕大概知道內容，也
找不到重點。

海報文案要做到長話短說，有兩個前提：一是知道對方想要
什麼，二是清楚內容的重點為何。

一天我路過一家臨街的音樂教室，看到下面這張海報：

標題：鉅惠來襲（字體以鑽石型圖案設計）
海報內文（以相同大小字體，清單式羅列）：
—— 寒假優惠音樂體驗課全部 6 折
—— 名師鋼琴課體驗價每節 180 元
—— 10 節課送 1 節課

—— 介紹新同學送 1 節課

—— 爵士鼓、雙簧管、大提琴、鋼琴、音樂基礎優惠課程

小兔子音樂教室 Logo

歡迎聯繫李老師 135 ××××××××

　　　　秦老師 186 ××××××××

請掃 QR Code

　　這張囉唆的海報應該出自一位猶豫的文案。過多的資訊像話癆，說了很多，等於白說，因為對方什麼都沒聽見，也記不住。「鉅惠來襲」是一個空洞的標題，而且字體圖案的設計降低了文字的辨析度，沒有人知道所指為何。

　　利用寒假推出音樂體驗課是音樂教室推廣業務的好辦法。國內最受歡迎的音樂課程是鋼琴課，感興趣的家長多，學的人也多，渴望瞭解的人自然更多。

　　完成了詳細的分析後，我們便可以選出以下關鍵資訊：

1. 寒假鋼琴體驗課
2. 名師授課
3. 體驗價 180 元

標題可以精簡為：

趁寒假學鋼琴

名師授課 180 元

以下內容以大小適中的字體設計排版：

多種樂器課限時優惠

掃 QR Code 或聯繫 135 ××××××××

小兔子音樂教室 Logo

想不囉唆，第一要清楚對方想要什麼，接下來提煉內容，精簡表達。刪掉多餘的資訊與文字，突出重點，是海報文案的基本要求。海報上資訊太多，結果只會令觀者的大腦一片空白，不知道往哪兒看，便乾脆不看了。上面提到海報放置的具體位置與內容息息相關，路過的人不可能看那麼多，有興趣的家長自然會主動詢問其他樂器的課程收費。

　　囉唆的海報舉目皆是。我曾在某地下停車場洗車店的海報上看到詳細列出該門店的位址與電話，電商旗艦店的海報反覆出現Logo，這些做法都有違常識，屬多此一舉。如果顧客已在門店，地址完全多餘，旗艦店都是自家的商品，犯不著滿眼Logo。

　　海報的資訊必須無比清晰，一下抓住重點。道理可能太簡單了，以至許多人以為必須賣弄花哨才算好。我們的身邊有不少囉裡囉唆的海報，我相信其中一個原因是人們迷信複雜，喜歡雲裡霧裡，以為講得多才會印象深，然而事實正好相反。

> **想一想……**
>
> 發現你身邊的囉唆海報，幫它精簡

具體說效果

　　具備好效果的事物，必定能為人們帶來好處。在海報中說效果，就是賦予對方好處，也就是所謂的「利益點」。每個人都關注自己的切身利益，誰不願意生活更豐富，活得更愜意，身體更健康，容貌更漂亮？不少海報都從利益點出發，告訴對方使用商品或服務獲得的好效果。如果能更進一步推進，把利益點具體化，海報會變得更有說服力。

　　料理鍋原標題：做好家用蒸煮炒煎

新標題：1 個鍋 30 分鐘 3 道大菜！

面膜原標題：煥亮氣色神采飛揚
新標題：敷 1 次等於 3 晚好覺

　　具體告訴對方一個料理鍋能在 30 分鐘內做好 3 道大菜，將利益點表達得更具體，以圖片表現煎炒烹炸的菜式，看上去更直觀。煥亮氣色、神采飛揚雖是利益點，可是不如「敷 1 次等於 3 晚好覺」可以讓人直接獲得因睡好覺而精神煥發的具體利益；原標題是虛的形容，新標題讓人摸得著、看得見，更有說服力。

　　新冠肺炎疫情期間，我在網上看到一則推廣海報：

純色抗菌床單含銅防蟎

　　這張床單海報的資訊不少：純色、抗菌、含銅、防蟎。

　　資訊太多了，我們需要排序。在排序之前，我們必須考慮在疫情期間，人們最需要的是什麼？心裡渴望的是什麼？需要解決的是什麼？

　　床單海報資訊排序：

1. 抗菌：疫情期間，人們最關心「抗菌」；抗菌不只關乎健康，更關乎性命。
2. 防蟎：非常時期，防蟎明顯次要。
3. 純色：以視覺表現已經足夠。
4. 含銅：人們對含銅的概念陌生，標題使用這個元素只會令人困惑。

　　根據以上分析，我們可以輕鬆寫下新標題：

床單能抗菌，睡得好安心

　　疫情期間，人心惶惶，一張能抗菌的床單，讓人睡得安心。標題賦予受眾關鍵的利益點，一目了然。

找出關鍵說效果，一句頂一萬句。

情景還原

············

2019年冬天,我在電商平台上看到一張電商海報的標題如下:

保暖多色長筒厚襪

海報資訊包含四個元素:保暖、多色、長筒、厚襪。按資訊的重要性排序,我們會得出這樣的結果:

1. 保暖
2. 長筒
3. 厚襪
4. 多色

厚與長筒的利益點明顯是保暖,迎合市場的季節需求。襪子多色可透過畫面表現,無須占用標題文案,建議大刀闊斧刪乾淨。襪子厚與長筒的好處是什麼?是保暖嗎?是怎樣的保暖?讓我們安靜下來深入想一想,想像一下自己穿上這款長筒厚襪子的感受。

利用情景還原,我們可以形象地寫出利益點,隨著思路,海報標題便不請自來了。

原標題:保暖多色長筒厚襪
新標題:一直暖到小腿肚

使用情景還原,讓人感到身臨其境是具體表述利益點的好辦法。「暖到小腿肚」形象地描述穿上襪子後的感受,充滿畫面感,讓人感到溫暖舒服。這種方法需要自己親身體驗,還原使用場景,或是想像自己在使用產品,然後將想像的感覺還原,用文字精準表達出來。

有些時候「讓人感受到」比「讓人知道」更重要。

新標題中保暖的利益點已經足夠突出,我建議不用添加「厚」的產品特點,將襪子的厚度放在產品詳情頁中更為明智。

刪除多餘文字，使標題更精簡，更有力。情景還原是寫標題的好方法，放在影片或社群媒體上同樣能幫助你輕鬆寫文案。

具體說成分

以下是我看過的一款濕紙巾的夏天海報文案：

悅雅清新，清涼薄荷，冰爽潔膚
3% 薄荷精華
不含酒精，性質溫和，不傷皮膚

這是一款含有 3% 薄荷精華的濕紙巾。仔細分析，能看出其中的薄荷成分是因，皮膚乾淨清爽是果，餘下的資訊為枝葉。「不含酒精」、「性質溫和」可放在產品的詳情頁，「悅雅清新」完全不明所以，必須刪掉。改後的新標題是這樣的：

3% 薄荷精華，皮膚潔淨好清爽

夏天人們想要清爽潔淨的感覺，薄荷精華可以滿足使用者的渴求。新標題具有獲得感，簡單點題無廢話。

下面是具體說成分的一些例子：

原標題：低脂珍珠奶茶
新標題：低 50% 大卡才算真低脂

原標題：珍貴柔軟氂牛絨圍巾
新標題：5 頭小氂牛的絨毛，剛夠織 1 條圍巾

柔軟的氂牛絨圍巾有多珍貴，我們可以用成分說明：5 頭小氂牛的絨毛剛夠編織 1 條圍巾，足以說明一切。同理，低脂奶茶有多低脂，具體說出成分低 50% 大卡更有說服力。

文案需要具備清晰的頭腦與分析能力，需要收集、組織、整理資訊，去蕪存菁。深入研究產品的品質、成分與工藝，用事實說話，比撓破頭皮寫一籮筐離題的形容詞更容易，更令人信服。

具體說成分源於對產品的深入瞭解，這是每個文案都需要做的基本動作。

具體說時間

我們在出差時經常會遇到飛機延誤。廣播說飛機將延遲起飛，請大家在候機室等候通知。過了半小時，還請旅客接著等候，這時候人們會開始抱怨，有些人甚至會吵吵嚷嚷要求賠償。假如航空公司一開始就說明飛機將延誤大概 45 分鐘，情況會大不一樣，該打遊戲的旅客可以接著玩，愛逛免稅店的盡情逛，要不然喝杯咖啡也不錯，大家心裡有數，情緒會平靜得多。

一旦人們掌握了精確的時間，心裡會感到踏實。時間十分神奇，用在標題上，它就像是諾言，讓人堅信不疑，只要說出時間，一切都變得有根有據。

原標題：音基[1] 速成課
新標題：考音基，2 個月保證過！

保溫杯原標題：長效保溫
新標題：7 小時後咖啡還燙口！

用果斷的語氣，具體說明 2 個月後可以通過音樂基礎考試，讓對方心裡有數，比泛泛地說速成課更有吸引力。假如課程能做到保證通過考試，加上保證的元素更為理想。如做不到，寫成「考音基，2 個月！」也具吸引力。「7 小時後咖啡還燙口！」是以具體時間做情景還原，讓人感受產品的保溫功能。

1　音樂基礎知識。

這個方法可以應用在含時間因素的商品上，如保濕面膜、保暖衣、空氣淨化器、吸塵器、抽油煙機、各類課程等。具體說時間，是一種承諾，符合客觀事實才可以使用，這一點必須謹記。

具體說名氣

具體說名氣的標題相當普遍。人嚮往名氣，銷量第一的肯定錯不了，獲大獎的產品憑獎項已經是品質的保證。例如：

- 日本銷量 20 萬台食物調理機
- 法國銷量第一乳酪
- 紅點設計大獎第一名多向桌燈

如果真的擁有榮譽大獎，用精練的文字表達清晰便是个錯的標題。可是，賽跑只能有一個第一名，銷量冠軍只有一名，獲獎的產品也畢竟有限，真正的榮譽不是那麼容易得到的。

如果沒有人頒獎給你，不妨自己頒給自己。例如，牛奶店的商品雖然得不到國際或中國奶品大獎，不妨靈活變通，根據銷售資料創造「本社區銷售 No.1」、「最受寶貝歡迎大賞」、「最順滑口味冠軍」、「本店鈣質第一名」、「最受媽媽喜愛的鮮奶套餐」、「奶奶的最愛金獎」……利用這些自設的獎項製作有趣的海報和宣傳材料，結合相關促銷活動，增加與客戶的互動，建立品牌忠誠度。

> 你是文案 No.1。自己給自己頒個大獎，是目標，也是鞭策。

這種寫標題的辦法，也是我們工作中應有的狀態。沒人給你獎，自己也要為自己打氣。

具體示範

用示範方式推銷是常見的手法。以前的街頭經常有賣刀賣鍋的推銷員現場示範。推銷員拿著鋒利無比的刀切出各種果蔬花樣，用一個電鍋瞬間做出無數菜肴，一邊示範，一邊興奮演說。

我十分喜歡看這類街頭推銷，除了覺得有趣，還想到自己的工作本質上也是推銷，看到同行，感到十分親切。

事實上，採用示範方式的推廣案例俯拾皆是。蘋果在全球各大城市投放的巨型看板便是其中的佼佼者。海報中有在水底游泳的小男孩，壯麗的大自然，沙灘上做體操的人群……全球海報使用統一文案：Shot on iPhone。用 iPhone 拍攝，具體示範產品的攝影功能，直截了當。

具體示範一般都是產品當主角，示範其特性、功能或效果。示範類海報一般以產品照為主，文案可以有很大的發揮空間。我曾經寫過一則折疊敞篷車平面廣告，畫面中敞篷車敞開了車篷，標題是「翻臉也迷人」。

這個標題使用了大家熟悉的擬人手法。汽車是無數男人心中的情人，敞篷車更有一種獨特的魅力。我覺得敞篷車比較任性，有點野蠻。圖中的車篷開了，就是情人翻臉了，雖然翻了臉，卻依然迷人。看著圖片，集中去想海報要跟誰說，他心裡是怎樣想的，他跟產品的關係是什麼，他內心的渴求是什麼，好好安靜下來，聆聽心語，發揮聯想便可以寫出來。

設想一個容量不小的包的海報，視覺展示產品能裝下很多東西，標題同樣可以用擬人手法：

- 看我多包容
- 我能裝

我覺得以直白的寫法寫成「大容量」也可行，只是趣味性不夠，「大容量」更適合作為商品的關鍵字。

家喻戶曉的德芙巧克力的廣告，視覺以產品包裝為主，文案為「德芙巧克力，絲般柔滑」，以比喻句型表述產品的口感。

套用比喻手法，設想我們要為一款黑啤海報寫標題，畫面是一杯黑啤酒，標題可以是：

- 暗夜

比喻手法是以此物喻他物。看看手中的產品，想想有什麼比喻可以用上。例如，小蛋糕鬆軟得像天上的白雲，像棉花，像一張讓人陷得無影的沙發，像一個小酒窩，又像是一張彈床……這些聯想都可以發展成比喻式的示範標題：

- 軟綿綿，像剛摘下來的一朵雲
- 鬆軟得讓人陷下去了！
- 鬆鬆軟軟彈起來

具體示範也可以很直白。例如，一個能炸、能蒸、能燜的料理鍋的幾款海報分別展示各種精美菜肴，標題配合悅目的照片：

- 嗞（炸薯條）
- 哇！（蒸龍蝦）
- 咕嘟咕嘟（燉排骨）

用象聲詞寫出食物的感覺，單純又直接，標題用一個特殊設計的字體，以特大號字排版，便可以輕鬆完成。

一家商務飯店的宣傳海報，畫面的上半部分用特寫表現一張疲憊不堪的臉，下半部分是同一個人，角度、燈光相同，只見他精神煥發，神采飛揚。

上半部分標題：進店
下半部分標題：離店

具體示範客人在飯店一進一出的前後狀態，寫標題完全沒有難度，人人都能寫。寫具體示範文案，第一要心中有對方，第二可以聯想畫面，想想對方內心需要什麼，圖像能賦予對方什麼。集中精力，慢慢便會有所得。

聽到的不如看到的，能讓人看到為什麼做不到。

請對方做點事情

. . . .

耐吉的「Just do it」體現著坐言起行的精神，核心訊息是請你行動起來，不要等待。「請對方做點事情」也是寫海報標題的方法之一。例如，很多商品或服務都是幫助人們處理看不過眼的事：減肥去掉脂肪，收納盒用於整理凌亂不堪的桌面，去霉清潔劑清除討厭的黴菌，還有去頭皮屑洗髮精、去油汙的家居用品、洗車、整容等等。我們可以用堅決的語氣，請對方積極行動，做點事情。

> 收納用品海報：馬上收拾它
> 去汙用品海報：徹底幹掉它
> 減肥海報：燒掉它

這種動賓句型可以變化無窮。趕走、清除、消滅、結束、俘虜、帶走、驅逐、戰勝、擊敗等都是帶有剷除意味的動詞，可以參考使用。寫文案的時候深入看看產品的特性，研究受眾的心理，便可以變化組合。例如，動賓句型可以變化為貼在酒吧的一張威士忌海報，標題為「忘記她」，獻給那些在酒吧喝悶酒的單相思或是失戀的男人。

「請對方做點事情」也可應用於那些帶有特性或具有特殊功能的產品宣傳上，例如：

> 矯正背帶海報標題：做人要正直
> 寬麵條的海報標題：想寬點
> 開鎖服務海報：往開了想

這種寫法是把產品特性轉化為對方的一種心態和行動，讓對方做點事情。由「寬麵條」聯想到「想寬點」，從矯正背帶想到要正直做人，這些都是產品特性的轉移，轉移後邀請對方行動。

行動起來，還可以有其他的寫法，例如「動起來」、「吃起

來」、「美起來」、「飄起來」、「飛起來」、「爽起來」、「跳起來」……全是行動。在前面加上「立即」、「及時」、「現在」、「馬上」、「這一秒」、「這一刻」、「別猶豫」，能加強迫切性。選擇恰當的動詞，結合賣點和對方內心的需求，便可組成標題。

讓對方做點事情，可以讓品牌和受眾更親密。設想一家日本拉麵小館現做現賣，海報以「低頭快吃！」為標題，配合日本人愛低頭行禮的風俗，便有了當地的文化特色。生活中這類句子取之不盡，不妨隨手應用。

多叫別人做事，自己就省不少事。

大膽說
....

文案的工作是溝通。有時候我們可以跟對方說得大膽一些，勇敢一點，哪怕觸碰到對方的弱點也不要怕。

例如，一張老花鏡的宣傳海報，畫面呈現一位色眯眯、笑眯眯的老先生，身穿一件夏威夷花襯衫，標題可以寫作「老而不花」。色情、愛花對老人來說可能會尷尬，但是將眼睛的花與色情的花含糊起來，便有點意思。

美觀質優、價格實惠的商品或服務可以用這樣的標題：

- 預算低，也可以玩得嗨！
- 花小錢，更顯得品味高！

這種寫法是故意刺激對方的承受能力，又不傷害對方的自尊。既要大膽，又要拿捏得當。例如，顯瘦服飾的銷售對象是不太瘦的受眾，中年女性的染髮用品直接提出減齡 20 年。在海報中暗示她們的現狀是刺耳的聲音。這種寫法像創傷性療法，用不中聽的話引起注意，刺激消費欲望。在語氣上要顧及對方的感受，核心是狠的，但態度是溫和的。

顯瘦服飾海報標題：看起來真顯瘦！
染髮用品海報標題：從頭減齡 20 年，不錯！

在大膽去說之前，要想想對方有什麼自覺不如人的地方，是太老、太胖、皺紋太多、太不好看，還是收入不太高，自我感覺不良好？這些內心的感受與你的產品承諾有什麼關聯，是否可以相互結合？文案是創作者與觀者之間溝通的橋梁，想想觀者有什麼地方不如所願，你的承諾是否可以幫助他？不妨大膽去說，沒什麼好怕的。

為他賦能
············

大膽指出，溫柔表達，是溝通祕笈。

要讓對方看你的海報，就要讓他得到他想要的。他渴求成為一個厲害的人、一個漂亮的人、一個高情商的人，還是一個優秀的人？假如產品或服務具有賦能的作用，用這個手法寫標題，輕鬆簡單。

我看見電子書優惠的線上海報這樣寫：

限時下單 8.99 元

新標題：

做個淵博的人只需 8.99 元

原標題限時下單享優惠只是突出價錢，新的標題則寫出了對方的內心所需，只需區區 8.99 元，便可以「做個淵博的人」，大大提高了對方的獲得感。

為人賦能，不等於自己耗能。

賦能的寫法廣泛用於廣告，例如，潛水錶使用「壓力之下，毫無懼色」，能量飲料的「有能量，無限量」，英特爾的「給電腦一顆奔騰的芯」，都是我們身邊的好例子。一個品牌能賦予對方什麼，能否讓對方獲得心中渴望的，是宣傳推廣成功的關鍵。因此，賦能的寫法經久不衰。

說心裡話

說心裡話是知心朋友之間的聊天。心裡話能讓人聽著舒服，源於說話的人理解對方，明白他的生活狀態、心裡的難處和他的感受。處處為對方著想，說心裡話，是寫海報標題的好思路。說心裡話的一種方式是關心：

- 好吃就多吃點
- 好好歇歇
- 別著急，還有時間
- 想家了嗎？
- 沒有什麼比他更適合你

這些全是日常用語，人人都能隨口說出來。

「好吃就多吃點」可以應用在各種食品的海報，前面加上「新××口味，好吃就多吃點」便可以介紹新產品。「好好歇歇」適用於休閒食品、懶人沙發的宣傳。「別著急，還有時間」可作為銷售掛曆、年曆記事本或與時間有關係的商品海報。「想家了嗎？」後面加上地道家常菜名，便可成為小餐館的親和海報。將最後一個標題中的「他」改為「它」，變成「沒有什麼比它更適合你」，適合推銷女性內衣。

我們還可以用激勵的方式說心裡話。

- 孤獨的人是強大的
- 沒有誰比得上你

- 有你真好
- 你可以！

單身公寓傢俱的海報可以將「孤獨的人是強大的」改為「孤獨的人更有品味」，以讚美獨居的人，讓他覺得不再孤單，覺得很多人欣賞他，對產品產生好感。「沒有誰比得上你」可以變化為一張溫暖的電暖器海報，寫作「漫漫寒冬，有誰比得上你？」。「有你真好」，可以用擬人法來寫，應用於旅途中與人相伴相隨的商品，如行李箱、背包、飛機靠枕等，具體的文案根據賣點和消費者的內心渴求撰寫便可以。例如，飛機靠枕的海報可以這樣寫：

延誤 4 小時，轉機 7 小時，飛行 16 小時，有你真好！

日常用語中的「你可以！」、「你可以做到！」、「你可以比別人優秀！」、「你可以能人所不能！」這種激勵的句子，就像英文諺語 Nothing is impossible（沒有什麼不可能），這句話也是早年愛迪達的廣告語。謙和一點的寫法是「你可以美，為什麼不？」、「你可以勝過，為什麼錯過？」、「你可以出色，為什麼黯淡？」、「你可以活得更愜意」、「你可以輕輕鬆鬆當五星大廚」……不同的商品有不同的特性，相關受眾的心理需求也不一樣，先分析，後動筆，多關心，多激勵。文案需要多從生活中汲取養分。心裡話是日常用語，只要心裡能想到，張嘴便可以輕輕鬆鬆地把話送到對方的心坎兒裡。

用印象創形象

《快思慢想》的作者丹尼爾・康納曼提出我們的大腦有兩種運作機制。第一種機制依賴記憶、情感和經驗，能夠讓我們對眼前的情況做出快速的反應，瞬間判斷。第二種機制透過調動注意力來分析與解決問題，然後做出決定，這種機制比較慢，不容易出錯。

在第二種機制下，要完成任務，需要我們全神貫注。任務愈困難，愈需要集中注意力。長時間集中注意力會消耗能量，加上人的惰性，我們能懶就懶，通常不願意運用第二機制，簡而言之就是不願意多費腦筋。

一個人在路上騎車，聽到一首熟悉的歌曲，他的大腦便會立即聯想到歌名，同時可以保持平衡不受干擾。我們只要觀察一下，便會發現騎車的人與司機都喜歡聽自己熟悉的音樂。因為熟悉的音樂已經在我們的腦海中留下記憶，不用勞駕我們大腦的第二機制，不需要我們多想。一邊聽歌，司機還可以眼觀六路，看清路況。

將這番道理放在海報宣傳上，我們會明白：將一些人們留有印象的事物放在海報中，會更容易被接受。例如：

- 義大利麵，北歐人就愛有機的
- 英國皇室的最愛——伯爵紅茶

北歐是大家心中的富裕地方，那裡的人們生活優裕，喜歡吃有機的義大利麵，追求高品味的你又怎能錯過？英國皇室講究生活，品味雅致，最愛伯爵紅茶，所以你也應該嘗嘗。受眾對以上標題借用的人物和群體都有約定俗成的認識，利用這種熟悉的感覺能夠引導受眾接受文案中的資訊，達到傳播的效果。

「用印象創形象」最常用的手法是明星名人代言，在海報上放一張大家熟悉的臉，讓人們記住品牌。只是請明星名人花費高，不是每個商家都可以承受。可是，上面提供的北歐人愛有機義大麵的例子卻不需要顧及肖像權，省力快捷，隨手可用。我們要多關注語言的象徵意義，例如爵士代表身分，法國南部代表愜意與品味，女王代表尊貴，玫瑰代表愛情。將詞彙的象徵意義應用在標題和產品命名上，同樣可以收到「用印象創形象」的好效果。

能借力何必使蠻力，而且借力更有力。

襯托和對比

·············

海報需要語言精練，襯托和對比是利器之一。廣告詞常見的例子如「吸塵器體積小，吸力大」，便是以反襯強調賣點。類似的例子還有：

- 小居室大創意
- 小桌燈大光明
- 小小說大學問
- 小假期大收穫

除了大與小，還可以有無窮的寫法：

- 一種色彩萬千變化
- 一件風衣四季皆宜
- 一雙鞋萬里路
- 一小碟千百味
  ……

利用產品的特點，用對比手法也同樣可以輕鬆寫標題：

北豆腐海報：這豆腐，有點硬朗
不太辣的辣椒醬海報：溫柔辣
一人旅行的旅遊海報：不在乎什麼南北，用不著帶多少東西

多年前我寫過一個屈臣氏蒸餾水的平面廣告，標題是「沒有便是擁有」，廣告的內文寫蒸餾水經過層層過濾，只有健康潔淨的品質，沒有任何添加和雜質，標題用的便是反襯手法。上面舉例的旅遊平台「孤獨星球 Lonely Planet」式一人行程，用「東西」與「南北」來寫，符合受眾不服從指令、嚮往自由的內心渴求。

苦得甘甜；燙得舒爽；微小而強大；謹小慎微地喝，滔滔不

絕地說；蟬噪林逾靜，鳥鳴山更幽；朱門酒肉臭，路有凍死骨……
這些都是對比的寫法。還有大家熟悉的閏土，原來是一個「十一二歲的少年」，魯迅先生第一次和他見面，閏土「正在廚房裡，紫色的圓臉，頭戴一頂小氈帽，頸上套一個明晃晃的銀項圈」。20年後，先生回到故鄉，再見閏土時，他「先前的紫色的圓臉，已經變作灰黃，而且加上了很深的皺紋」、「他頭上是一頂破氈帽，身上只一件極薄的棉衣，渾身瑟縮著」、「那手也不是我所記得的紅活圓實的手，卻又粗又笨而且開裂，像是松樹皮了」。

　　襯托和對比是文字遊戲，有趣好玩。從大小、強弱、高低開始發想，或是想一想產品的特性，看看有什麼元素可以用作襯托，邊寫邊玩，其樂無窮。清代車萬育寫的《聲律啟蒙》很有意思，建議大家抽空可以看看。

　　　雲對雨，雪對風，晚照對晴空。
　　　來鴻對去雁，宿鳥對鳴蟲。
　　　三尺劍，六鈞弓，嶺北對江東。
　　　人間清暑殿，天上廣寒宮。
　　　兩岸曉煙楊柳綠，一園春雨杏花紅。
　　　……

有大才有小，有黑才有白，有狼才有狽。

看得懂

有一年冬天，我在北京的一家川菜館入口看到一張海報：

　　在春天遇見春見
　　來自四川限量供應
　　開始接受預訂

　　畫面中有一些大柑橘。我猜想許多生活在北方的人和我一樣，不知道什麼是「春見」，看不懂標題。出於好奇，我上網搜

索了「春見」，才知道原來是四川一帶的特產水果，又叫耙耙柑。

海報放在餐廳入口，人們出入餐廳，沒有多少會留步。事實上，沒有人像我一樣，會停下來研究海報的標題，看排版、字體與設計，再上網搜索去解題。

這張海報沒有考慮「在哪兒說」，海報張貼的位置不理想，文案更沒有考慮地域。這張海報放在四川是可行的，而且相當不錯，但放在不懂什麼是「春見」的北方卻讓人感覺不知所云。我在 12 月看到這張海報，春天還挺遙遠，更不理解春天與圖中的水果有什麼關係。餐廳門口放一張人們看不懂的海報，等於請了一位外星人在咕嚕咕嚕地推銷，沒人能猜到他在說什麼。

餐廳門口，人們匆匆而過，看不懂「春見」，不如乾脆改為耙耙柑。

海報文案第一要讓人看得懂，第二要馬上看懂。寫看得懂的標題不太難，難的是沒有想到海報就是要讓人一目了然。海報寫得淺白清晰，利己利人；利己的地方在於寫起來容易，利人之處在於免得令人猜不透，看到就頭疼。

生活已經夠讓人頭疼，別再讓人疼上加疼。

下面我們談談如何做到第三點：圖文配合。

- 元素安排：海報排版設計必須以最關鍵的資訊為主視覺，主次分明，不能相互打架。資訊的安排需要尊重人們的閱讀習慣：從左到右，自上而下。
- 照片與圖像的運用：構圖簡潔的照片與圖像能令海報增色不少，前提是照片必須輔助資訊，圖文配合。如果照片或圖像能使資訊更加突出，可大膽加上；如果與資訊離題，請果斷捨棄。
- 成直線：標題與圖案儘量成直線，左右對齊或一邊對齊，不要裡出外進，以使視覺乾淨清晰。
- 留白：海報畫面不能滿，必須留白，留白之處不一定是白色，而是在畫面上沒有資訊，以空白處烘托海報的主要資訊。
- 平衡協調：畫面需要保持平衡。平衡不一定是對稱，例如

可以用 3：7 或 4：6 作為設計規範。一旦定好規範，要嚴格遵守。

- 色彩：審慎運用色彩，定好主視覺的色彩後，請選用輔助色配合主視覺。除非有特殊用途，如面向兒童宣傳，否則避免使用過多的顏色，以免視覺混亂。假如主視覺是照片，可考慮標題反白。具體的色彩配搭可參考配色事典。
- 字體：假如不是專業設計師，請避免使用過多字體，以免弄巧成拙。字體最好使用一種，不要超過兩種。選用字體要注意辨析度，假如海報是透過手機螢幕傳播，因螢幕不大，更需多加考慮。
- 統一性：海報空間有限，必須保持統一性，即字體統一、設計項目統一、風格統一。

　　《廣告狂人》中的唐‧德雷柏說過：「要把它弄得很單純，很顯眼。」可說是對以上內容的精闢詮釋。海報一眼定終身，若不單純、不顯眼，人們走過路過，定會錯過。

CHAPTER
04

電商文案怎樣寫？
這麼做就對了

寫文案要感性和理智並重，在動感情之前，必須理智先行，客觀分析。
也許是多年工作形成的思考慣性，每當看到大牌時裝廣告中的美女，
我總會想起約翰・伯格說的一句話：
「消費，好像會令人顯得更為富有；但錢花出去了，人們只會變得更窮。」
要說服別人，首先要說服自己。我永遠在掙扎。

「想引人關注，要令人感到焦慮。」
　　　　　　　　——約翰‧伯格

要想寫好電商文案，必須學會換位思考，從使用者的角度去想，他的渴求就是你的賣點。

電商文案是直銷類文案，顧名思義，直銷類文案是直接銷售不拐彎。所以，以下我直接談談寫電商文案的要點，建議人家對照影片、社群媒體、海報中介紹的各種寫法，相同的寫法，這裡不再贅述。

精準面對一個人

從表面上看電商是在大平台上面對千萬使用者進行推銷，但深入想一想，我們會發現，使用者其實是一個人拿著手機，一個人在看，一個人在挑，一個人問客服，最終一個人下單，整個過程與一個人進入一家實體店購買商品無異。

電商售賣是一對一的銷售，文案則是虛擬空間的銷售人員，透過每句文案向站在你面前拿著手機的某一位使用者推介商品。

寫電商文案必須精準面對使用者。假如你覺得面對的是一群

陌生人，你會感到毫無頭緒，不知道自己在跟誰說話，應該說些什麼。假如你能在腦海中將對方視覺化，想想他是誰，他多大，他長什麼樣子，他穿什麼衣服，他心中的期望是什麼，你的承諾能否滿足他心中的渴望，你會感到寫文案容易得多。

例如，你要為一盞七彩兒童燈寫文案。你腦海中會出現一個小男孩，爸爸 30 多歲，戴眼鏡，穿淺藍色上衣，媽媽長頭髮，穿著白色外套。這對父母喜歡週末帶小孩出去，在朋友圈曬娃。下了班他們會第一時間回家，十分重視與兒子相聚的時光，心中渴望寶貝更快樂。

他們一家人正站在你的面前看這盞七彩兒童燈，你要想想如何與他們對話，這盞七彩燈有什麼特點，它能為這對夫婦和小孩帶來什麼？

以下是我從電商平台看到的這款燈的文案：

炫彩變色，溫馨陪伴

產品詳情頁中列明了產品的特點和功能，如 USB 充電、矽膠材質、一拍變色等。

我們先看看「炫彩變色，溫馨陪伴」這句文案。「炫彩變色」好像是產品的特點，而「溫馨陪伴」似乎是結果。使用者渴望的是這兩句話嗎？這盞燈到底可以如何滿足使用者心中的渴望？

爸爸媽媽渴望與孩子溫馨相伴，讓孩子更開心。這盞燈的作用是賦能，有了這盞燈，有了這變色的燈光，一家人可以享受他們心中渴望的溫馨時光。

只要我們在寫文案的時候想到使用者，就會看見疼愛孩子的爸爸和媽媽晚上在這盞燈旁給孩子講睡前故事，他們渴望這盞燈能點亮自己與孩子共處的時光。一盞變色的燈，能夠讓父母在睡前講的故事更加引人入勝，讓孩子更開心。

我們不妨將原來的文案「炫彩變色，溫馨陪伴」深入去寫：

綠色扮妖魔，

紅色當火爐，

睡前給孩子講個降魔故事，

7 種燈光隨心變，小寶超喜歡！

　　將溫馨陪伴變成場景還原，精準而具體地跟父母說這款燈的特點。在頁面上加上爸爸給孩子講睡前故事的照片，炫彩變色的功能點便成為使用者感同身受的利益點，讓父母透過燈的變色功能感受到更清晰、更具像化、看得見的溫馨陪伴。

　　精準面對一個人，我們會用對方的語言說話，會想他心裡所想。我們甚至可以直接進入對方的角色，成為爸爸媽媽，在這盞燈下給孩子講故事，將「炫彩變色，溫馨陪伴」往前推進。這樣做可以讓使用者的獲得感大大加強。對方得到的將不再是模糊的溫馨陪伴，而是寶貴而溫馨的一家人相聚的具體情境。

　　我們經常提到文案要短小精悍，在其他功能點與利益點都言簡意賅的前提下，這樣的一段小文案能用產品多彩變色的承諾回應使用者心中的渴望。

　　以上便是精準面對使用者的示範，在這個過程中我們需要掌握以下要點：

1. 必須從資料中找出使用者的客觀資料，比如年齡、地域、性別等，然後在腦海中再現對方的形象。

2. 想像他的外貌喜好，想想他怎樣說話，他每天在做什麼？他面對的難題是什麼？他的痛點是什麼？他心中的渴望是什麼？

3. 回頭看看你的產品可以承諾什麼，你的承諾如何滿足使用者心中的渴望。

4. 進一步設想你的產品可以於何時何地，如何回應使用者內心的需求。

5. 運用你的觀察力與想像力，與使用者溝通，安靜下來，用後面章節提到的心語便可以輕輕鬆鬆寫好文案。

多想對方，有益自己。

無論什麼類型的電商文案，「精準面對對方」都是必要的思

路，一旦你想像對方就在你的眼前，便會得到一定的啟發。有關句型與套路，大家可以參考其他章節。

想一想……

對方是誰？他愛聽什麼歌？喜歡怎樣說話？

不要泛說功能，而要精準說利益

人們購買東西不是為了功能，而是為了從中獲得利益。正如你買這本書不是因為它有一二十萬個字，而是為了滿足你心中的需求，你希望從對文案的一知半解變為掌握更多的知識，你期望從不知如何下手變為駕輕就熟。

人們購買一個收納箱，是希望將 A 點的淩亂雜物，經過收拾後到達 B 點，變得條理清晰，最後令自己舒適。人們選購一個熨斗，是希望將 A 點皺巴巴的衣服，變成 B 點的平整筆挺，最終讓自己體面光鮮。我們在羅列功能點的時候，必須思考產品的功能可以為使用者帶來什麼利益和怎樣的體驗與感受。

假如大家不清楚什麼是利益點，我這裡有一個從國外的網站上看到的十分簡單的方法。在列出功能點後問一個簡單的問題：「有了這個，那又怎樣？」例如，小風扇的功能點是 USB 充電，USB 充電帶來的利益點第一是「無線更方便」，第二是「隨身送涼風」。

參照「有了這個，那又怎樣？」，我們可以說有了 USB 充電，便會：

- 無線更方便
- 隨身送涼風

人們不會為了產品的 USB 充電功能下單，而是為有了這個功能後可以走到哪兒涼爽到哪兒而下單。

　　例如，睫毛膏帶有曲線刷頭，我們想一想，人們會因為一個曲線刷頭下單嗎？人們購買睫毛膏是為了讓睫毛看起來更長更美，渴望自己的明眸更迷人，如果我們不告訴使用者這個曲線刷頭能給她帶來什麼利益點，沒有人會因為一個刷頭去下單。

　　曲線刷頭的物理作用是更大面積地接觸每根睫毛的根部，根據「有了這個，那又怎樣？」這個思路，有了這個功能，使用者能夠瞬間提升睫毛的長度，帶來的利益點是：每根睫毛照顧到，眼頭眼尾超捲翹。客戶從 A 點的睫毛不理想，希望到達的 B 點是睫毛捲翹迷人，最終讓眼睛看起來更大、更吸引人。因此，睫毛膏的曲線刷頭帶來的利益點如下：

- 創新曲線刷頭，貼合每根睫毛根部
- 每根睫毛照顧到，眼頭眼尾超捲翹
- 輕鬆一刷，你的眼睛放大啦！

　　以上是將功能變成利益點的思路，下面是相關的步驟：
1. 首先要瞭解產品功能的原理與作用。
2. 接著問這個簡單的問題：「有了這個，那又怎樣？」找出功能帶來的利益點，然後將利益點列出來。得到一個利益點之後，接著再問「有了這個，那又怎樣」，嘗試從第一層利益點推進，看看是否有下一步的利益點。
3. 參考本書第 15 章介紹的電商簡報的寫法，寫下 A 點是什麼，希望到達的 B 點是什麼。
4. 將功能帶來的利益點與客戶希望達到的 B 點，相互對照。
5. 只要客戶希望到達的 B 點與你提供的利益點一致，你便準確獲得了寫文案的方向。
6. 動手去寫，具體的句型可參考其他章節介紹的方法。

讓對方感到有所得，你也自然有收穫。

不要泛說好,而要精準說怎樣好

有一些宣傳詞句由於使用過度,會令人麻木無感,例如,品質優良、貨真價實、信譽好等等。你要精準表達產品的優勢與利益點,避免使用被用濫的詞句。以下是具體方法。

精準說時間

以下是我從電商平台看到的對電熱毯加熱功能的描述:

• 快速升溫
• 馬上告別冰冷被窩

這兩句是大部分賣家慣用的文案。唯有一家電商品牌具體提出了一個精準的數字:60 秒。有了這 60 秒,文案可以從「快速升溫」進一步精準地寫為:

60 秒即刻升溫,被窩即時暖暖的!

精準說時間,讓人們心中有數,知道這電熱毯只需 60 秒便可升溫,即時得到利益點:被窩暖暖的。精準說時間,能讓顧客的獲得感馬上加強。一些電商寫的「告別冰冷被窩」讀後依然讓人感覺冰冷,改為「被窩即時暖暖的」,對方會感到馬上暖起來。

精準說時間可應用於任何以時間體現利益點的文案中，讓人們感到可以更快滿足心中的渴求。類似的文案還有：3 分鐘馬上降溫，20 分鐘皮膚提亮水潤，60 分鐘電量滿滿，7 天後減重塑身⋯⋯

光陰似箭，百發百中

> 想一想⋯⋯
>
> 看看各種與時間相關的電商文案，透過學習別人的文案提高自己的分析能力。

精準說效果

精準說效果指的是精準說出使用者內心渴求的效果，讓品牌或產品的承諾與使用者的內心渴求完美相遇。

例如，不少女性內衣文案都提到帶孔的乳膠內墊，並且有不少賣家提到相關的認證以及抗菌防蟎的效果。我們想想，稍微重視個人衛生的女性都不會擔心自己身上有蟎蟲，所以這個利益點恐怕不是使用者購買內衣的內心渴求，而相關認證是產品功能的背書，不是利益點。

沿著「有了這個，那又怎樣？」的思路想一想，帶孔乳膠內墊的利益點到底是什麼？女性在夏天穿內衣的內心渴求是不悶熱，而帶孔乳膠內墊輕薄透氣，正好滿足她們的內心所想。當我們進一步發問：「不悶熱了，那又怎樣？」我們會寫下這一句：

輕薄透氣，舒服到像沒穿一樣！

這就是帶孔乳膠內墊帶來的精準效果。事實上，我看到一位賣家提到「無穿感」，意思是一樣的，只是無穿感不是對話，沒有感情色彩，「舒服到像沒穿一樣」比「無穿感」聽起來更親切，

是一對一的說話方式。

對利益點進行推進思考是寫廣告文案常用的方法，只要大家掌握我前面提到的「有了這個，那又怎樣？」的問句並認真問下去，便會得到更精準的文案。

下面是女款船鞋詳情頁的好文案：

- 經典帆船鞋，靈動流線專為女生設計
- 防水防汙高級耐磨真皮，與你相伴一生
- Comfy 超舒適鞋墊，在不在海邊，一樣舒適
- 360 度繫帶皮繩方便調節鬆緊，令鞋幫完美貼合你的腳型，瀟灑每一步

上面的文案沒有一句使用我們常見的「經久耐用」、「品質優良」，而是每一句都帶有清晰的利益點和精準的效果描述：流線設計更適合女生；有了耐磨真皮，這雙鞋子將與你相伴一生；鞋墊帶來的利益點用上了情景還原──在不在海邊，一樣舒適。透過利益點，穿上這雙鞋子的效果被精準表述出來。文案中還適當使用了「你」，讓效果與使用者相關，加強了對話感。

差不多的效果，只會帶來差不多的結果。

精準說效果的要領在於自己親身體驗，將自己看到的、聞到的、聽到的、摸到的說出來。無論是為一雙帆船鞋還是一杯奶茶寫文案，都需要我們放開感官，全情投入體驗產品，用自己的感受感動對方。

精準表達擁有感

人們一旦擁有一件物品，便會抬高自己手中物品的價值。例如，車主剛買完車，會覺得自己的車外觀最好看、內飾最精緻，甚至覺得這輛車的價值比自己付出的價錢更高。哪怕一只看上去再普通不過的馬克杯，只要人們曾經將它握在手中，便會感到它更有價值，願意非理性地付出更高的價錢去得到它。這是經過無數行為心理學家實驗證明的稟賦效應。近年更有神經學家提出，

人們只要用手觸摸過一件商品，便會認為它更有價值。

汽車試駕、產品嘗鮮裝都是利用稟賦效應進行銷售，讓人們透過短暫擁有，感到必須永遠占有。將「讓他擁有」的心理應用在文案中，是說服客戶的好辦法，擁有的感覺來自讓客戶體驗「用後感」，獲得自己擁有的感受。

例如，午後紅茶的文案可寫為：「午後聞到山間小雛菊飄來的清香，浸潤靈魂」，讓客戶感到自己在喝這杯花草茶。

護膚品的文案寫為：「緊緻水嫩肌膚，一敷降臨」，使用者一看就獲得用後感。

多彩椅子的文案可以這樣寫：「坐擁只屬於你的色彩」，讓使用者感受到坐上這把椅子後獨特的專屬感。

休閒鞋的文案寫為：「出去走走，遇見那個不一樣的你」，讓使用者感到穿上這雙鞋後可以到達他心中的嚮往之地。

運用你的想像力，心裡想著這個問題：「一旦擁有了它，對方會感到如何？」設身處地去想，站在他的角度去想，用他的感官去想。

下面是我在電商平台看到的一個保溫馬克杯的文案標題：

三層防燙，好好呵護你的雙手

一眼看去，「好好呵護你的雙手」似乎是讓對方得到用後感。讓我們換個角度，從使用者的角度出發，想一想「呵護你的雙手」是否就是使用者對一個杯子的內心渴求。我們用杯子會害怕被燙到嗎？被燙到是不是我們使用杯子的痛點？答案明顯是否定的。因此，杯子到底是三層還是四層防燙，都不是重點，燙傷也不是痛點，呵護雙手更不是人們追求的爽點。簡而言之，沒有人會期望一個杯子能幫自己呵護雙手，呵護雙手更像是人們對護手霜的期望。這個杯子的銷量並不理想，很可能是由於文案的方向出現了偏差。

這個杯子不是典型的直筒型保溫杯，而是一個馬克杯型的保溫杯。將這個馬克杯放在辦公桌上，利用桌面的質感，加上下午

的陽光，我們可以用影片或照片展示使用場景，配合文字進行情景還原：

> 開完會都下午了，早上泡的這杯咖啡竟然溫度不變，一樣香濃。

使用者看到這些文字後會感覺自己就是這個杯子的主人，經過早上忙碌的會議，在下午的工作空檔正享用這杯香濃溫暖的咖啡，利益點清晰而具體。

產品的描述應該將三層防燙改為三層保溫，更加精準。原來的「三層防燙，好好呵護你的雙手」可以改為「三層超保溫 8 小時持續」。

一旦他擁有這個保溫馬克杯，他會感到如何？一旦他穿上了這雙休閒鞋，他會有什麼感覺？一旦穿上這件衣服，她心裡除了美，會不會覺得自己就在海邊，置身自己夢想的天地？

一旦擁有，誰願失去？

「讓他擁有」需要你運用想像力，讓產品給使用者留下深刻的印象。

想一想……

你自己有沒有用過、吃過體驗過產品，你會如何表達你的用後感以說服對方？

精準講故事

對許多小店來說，電商平台是其與客戶溝通的唯一管道。如何透過平台建立自己的品牌，增加用戶的黏性，是不少店鋪面對的問題。我們可以透過講小故事的方式來建立品牌的美譽度。每一家店都有它動聽的故事，每一件產品都有屬於它的獨特故事。

故事，讓客戶可以更深入地瞭解你的產品，有效加強吸引力，讓人們在不知不覺中對店鋪產生好感，建立情感聯繫。

故事不需要是史詩式的品牌歷程或是創辦人的傳奇經歷，我們可以講簡短的小故事，精準去講，從產品的角度出發提出以下問題：

- 產品是誰做的？
- 產品的設計靈感是來自一個人，一個地方，還是一件事？
- 產品原產地是否風光宜人？
- 生產過程中有沒有遇到難題？如何克服這些困難？
- 產品怎樣進行測試？

產品是誰做的？

如果產品是手工製作的，你可以講述工匠的故事；假如是工業生產的，可以講生產環節中任何一位工作認真的工人的故事。例如，工業化生產的食品可以講述負責原料採購的採購員拒絕了多少不合格的食材，如何堅持用最高品質的原料生產，如何不被同事理解卻依然堅守產品的品質。你還可以講述負責品管的員工如何層層把關，只把最好的獻給客戶，以用心和認真來感動客戶。

假如是手工小作坊式生產，那麼故事的素材可以來自生產者、工匠，甚至是生產者的家人。例如，手工製作的家居小用品、農民自產的農產品，都可以用第一人稱講述自己的故事。

呈現故事的手法可採用影片或照片。假如對拍攝沒有把握，可以採用近鏡頭拍攝一雙正在勞動的手，或者一些生產過程中的片段，用自己的話講故事，只要情真意切，便能感動對方，增加使用者對你的黏性，建立長期的品牌忠誠。

產品的設計靈感是來自一個人，一個地方，還是一件事？
· · · · · · · · · · · · · · · · ·

產品的設計靈感可以來自一個人對某一件事的執著。例如，我認識的一位對無縫設計特別感興趣的藏民設計了無縫帽子、無縫背心和無縫手套，另一位對老布和繡花特別感興趣的女生手工製作了獨特的茶墊和布包。假如產品有類似的故事，必須要讓客戶知道，因為這些獨有的故事，能夠幫助提升使用者的好感，令產品更有溫度。

例如，無縫服飾的小故事文案可以用第一人稱這樣寫：

> 好看的東西都沒有接縫，就像我從小生活的青藏高原，天衣無縫。

用老布繡花的女生可以這樣說她的故事：

> 我喜歡花，我喜歡將我愛的花一針一線繡在這些老拼布上，讓花兒在茶墊上一直開下去。

這些個性化的設計師故事為產品增添了人性的維度，令產品更有價值。設計靈感的故事也可以來自痛點。好的設計大部分來自觀察人們的痛點後提供解決方案。文案必須多看產品的設計有什麼特殊的地方，想一下這些特點解決了使用者什麼痛點。

例如，一張折疊小桌板為使用者解決了趴在床上用電腦的難題。我相信設計者的靈感一定源自觀察。將這種觀察變成設計靈感，便可以寫出一段小故事：

> 上大學趴在宿舍床上用電腦太累了！我設計的這個小桌板就是為了解決這個問題，希望有了它，你在任何小空間都可以舒舒服服，好好工作！

在故事後面加上設計師的名字和頭像，可以使產品更具吸引力。看看你手上的產品有什麼特點？一個手柄、一顆螺絲釘都有它引人入勝的好故事。

好東西需要講好故事。

> 想一想……
>
> ───────────
>
> 你手中的產品是誰想出來的？是受什麼啟發而誕生的？哪怕是一種新口味、一個新包裝，都潛藏著故事，等待你挖掘。

產品原產地是否風光宜人？

一張好照片勝過萬語千言。假如產品與自然、水土、陽光雨露相關，使用原產地山清水秀的真實照片，能讓人對產品的源頭更有信心。這種做法也適用於原生態食品和飲料。例如，為什麼神農架的香菇味道那麼香，是因為深山裡的濕度還是清新的空氣，抑或與培養菌菇的深山木材相關？將客觀的環境與產品相關的優點互相對照，讓人們理解為什麼你的產品更具特色，比別人的更出色。利用客觀優勢，往往比花言巧語更具說服力。

生產過程中有沒有遇到難題？如何克服這些困難？

你走了多少里路才找到最好的布料？你花了多少個日夜才調製出這個味道？你遇到了多少困難才生產出眼前的產品？講述這些故事，可以讓使用者知道你的用心。當你訴說這些背後的故事時，人們會覺得眼前的產品具有超越物質的情感價值。

這些故事不需要長篇大論，通過簡短的文案便可以輕鬆寫好。例如，一件速乾上衣的文案可以這樣寫：

為了找到我心中理想的速乾布料，我走了多少路，流了多少汗水！現在，流多少汗都不怕，因為這件 T 恤無比透氣速乾，它會一直陪我走下去！

一款巧克力曲奇的文案可以這樣寫：

我試了很多巧克力粉，有的太濃，有的太淡，反覆試，不停試，做了 34 次終於滿意，這款曲奇叫巧克力 34，你說好嗎？

克服困難是永恆的故事橋段，人人都愛聽。

我們不需要每件產品都使用這種寫法，挑出店裡的明星產品或真正有故事的來寫，以點帶面，用自己的產品講自己的品牌故事。

想一想……

你有沒有為產品或服務用盡心力，如果有的話，必須讓對方知道。

產品怎樣進行測試？

測試像是個大詞，聽起來需要經過複雜的程序才能完成。事實上，測試可以很輕鬆，很有意思。哪怕是銷售一根橡皮筋，你都可以利用影片直播示範產品的測試過程，例如找位大力士對橡皮筋進行負重的拉力測試，讓使用者知道你的產品不簡單，可以經受住殘酷嚴苛的檢測。不需要花大錢，一根小小的橡皮筋便能讓你從大處著眼，由小處入手，得到品牌效應。

產品測試的範圍很廣，除了耐磨損測試，還有觸感、口感、香氣、噪音、色調等的測試。測試也可成為直播或店鋪影片宣傳

的好內容，讓使用者對產品更有信心。

小故事的作用是建立品牌和店鋪的美譽度。建立品牌需要時間，很難立竿見影促進銷量。然而，從店鋪長遠的利益來看，透過講品牌故事建立品牌十分重要。如果你打算長久經營，你便需要堅持不懈，日積月累，建立品牌形象。

小故事也有大看頭。

想一想……

你可以為店鋪寫一個怎樣的小故事，如何創造品牌價值？

精準使用感官形容詞

我很喜歡看菜單上的感官形容詞，比如：甜爽甘飴、香辣透亮、滑潤濃香、清潤解暑、冰涼淡香、麻辣鮮香、爽滑香醇、涼爽爽、黏糊糊、滑溜溜、晶瑩如玉、滿口牛津、肥而不膩……

噴香米飯比米飯更好吃，冰爽涼粉比涼粉更吸引人。一家餐廳的菜單寫得好，對生意一定有幫助。同理，善用感官形容詞的文案能加強使用者的感受，使文案更加吸引人，更具說服力。

感官形容詞可分為視覺感官形容詞、聽覺感官形容詞、觸覺感官形容詞、味覺感官形容詞、動態感官形容詞。

某些類別的產品會大量使用視覺和觸覺形容詞，如美妝的文案常用晶瑩剔透、盈潤水亮、柔軟細嫩、舒爽透膚。如果你需要寫美膚的文案，首先要在相關的平台和公眾號收集所有感官形容詞儲備起來。

你也可以收集其他類型的形容詞，應用在自己的產品文案中。例如，如果你需要寫兒童薄紗睡衣的文案，你可以參考冰淇淋，甚至看看夏季面膜的文案是怎樣寫的。有一款冰淇淋的電商文案是這樣寫的：「別樣清新，清清爽爽」。這兩句文案用在兒

童薄紗睡衣上同樣能讓使用者獲得感官感受：「相當別樣清新，寶寶清清爽爽」。你甚至可以使用菜單上形容消暑涼菜的感官形容詞「無比解暑涼爽爽」來描述這套薄紗睡衣。

提高自己的敏感度，從其他產品的文案中發現可能性，你便可以寫得更輕鬆。例如，你要寫有關一個櫃子品質好的文案，不一定要局限在用料和工藝，你可以說這個櫃子：

保證 10 年不會咯吱咯吱叫，安安靜靜陪你一輩子。

不用視覺詞，而用聽覺詞來描述一個櫃子經久耐用，比使用「品質優良」更有趣，更吸引人。很多聽覺詞特別有意思，例如淅淅瀝瀝、滴滴答答、叮咚叮咚、嘩啦嘩啦。使用聽覺詞可以大大加強獲得感，例如，描述園藝工人用的澆水噴頭可以寫為「淅瀝瀝，嘩啦啦，天然雨點來澆灌，植物樂開花！」描述電火鍋可以這樣用聽覺詞：「撲通撲通火鍋下，一會兒就吃上無敵美味小龍蝦！」還可以在頁面上附上簡易的食譜，以食欲感建立用後感，以用後感帶來獲得感。

動態的感官詞可以用來形容鬆軟的點心、舒適的枕頭、飄逸的圍巾、舒服的鞋子。例如，要形容輕，我們可以用輕悠悠、輕飄飄、輕逸如風、無比輕快、輕盈過人、輕到一按彈起來、輕到沒感覺，甚至可以在文案中只用一個字「飄」；反過來說我們可以用零負重、零負擔、無重。

人 是 感 覺 的 動 物。感 覺 對 了，一切好說。

感官詞能大大增加資訊的含量。寫文案的時候多用感官詞，可以讓人的感受更為立體，增加感染力。這種方法，簡單便捷。

想一想……

你可以如何利用與你的產品相關的相鄰產品，豐富你的文案？刻不容緩，馬上去找。

精準說特色

電商平台大部分商品都不是只此一家，在商品高度同質化的情況下，你需要給使用者一個挑選你的理由。下面提供 4 種思路給大家參考。

安全很重要
....

安全是人類生存最基本的需求，沒有人願意無緣無故承擔不必要的風險，危及自身的安全。看看你的商品有沒有這樣的特性：無毒無害，使用安全；有安全氣閥，能安全斷電；不含酒精，不傷敏感肌膚；不含人工色素和防腐劑，不影響身體健康。想一想你的使用者是否對安全有疑慮，你的產品可以如何幫助他趕走恐懼？

假如產品具備以上這些特性，必須在文案中說明；假如沒有，你可以利用人們懼怕錯過的心理作為文案的切入點。例如，鞋子的文案可以這樣說：「歐美頂尖潮人穿這個，你怎能錯過？」嬰兒車的文案：「歐盟安全係數防護，你的寶寶能缺這個嗎？」從人們懼怕錯過，怕自己跟不上潮流的心理入手，便可寫出好文案。這方面的更多內容可參考社群媒體文案章節。

> 恐懼是欲望的天然伴侶。

與他一起探索
....

為什麼人們喜歡到陌生的地方遊走？因為人天生喜歡探索。為什麼世界上有愈來愈多的人不在固定的辦公室工作，而是成為周遊列國、全靠線上工作的數位遊民？因為人們不愛待在固定的地方，總希望走出去看世界。

探索是每個人心中的渴求。你的產品是否可以帶他走出去，聆聽遠方的聲音，感受大地亙古的節奏？

一個背包、一副耳機、一輛自行車、一個小小的證件套、一套輕便裝的洗護用品、一個充電器、一雙鞋、一個行李箱……任

何與人相伴出遊的商品都可以陪伴使用者探索，陪他一起到達他心之嚮往的地方。

例如，一副耳機的文案配合使用者的照片可以這樣寫：

無敵低音鼓點，讓我聽到地殼深處的呼吸

一個背包的文案不妨這樣寫：

我的存在是為了出走，
我要與你走到世界的盡頭

這類文案可長可短，以引起對方內心的共鳴為目的。歌詞或現代詩中有許多值得參考的詞句，大家可以從中學習。

成就更好的他

人人都希望與他人建立良好的關係。你的產品是否可以幫助使用者成為一個更好的媽媽、更酷的爸爸、更孝順的兒女？例如，烘焙用品不僅能做出各式點心，更能成就一個關心男朋友的女朋友或者照顧家人的好媽媽。再例如，在椰子汁的產品頁面上加上椰汁糕的照片，文案就像媽媽在說話：「這椰子汁太香太濃啦！用它給家人做濃香細滑的椰汁糕，味美無窮。」再附上一張媽媽的頭像和椰汁糕的做法說明，頁面馬上變得更親和，讓女性感到扮演好了自己的角色，獲得情感上的滿足。

寫文案的時候要用心為對方著想，思考你的產品可以如何幫助對方與周圍的人建立更好的關係，成就更好的他。

看看產品在他周邊的各種關係中起到什麼積極的作用，多為對方想，便會有答案。

探索不在於是否有新大陸，而在於是否有發現新大陸的眼睛。

成就別人的同時，你也成就了自己。

你可以如何成就別人？

讓他更健康、更舒適、更美好

每個人都渴望活得更健康、更舒適。你的產品是否可以滿足對方的需求，幫他減輕壓力，在忙碌中享受片刻的愜意，讓他的生活變得井然有序，少一些擔心，多一分愉悅？

例如，一個置物架賦予人們的不只是鋼板承重，而是讓人們的生活變得井然有序，心情舒暢。置物架的文案除了包括產品的硬參數，如最大承重、板材厚度、長寬尺寸，還必須加上應用場景。用了這個置物架，會得到怎樣的效果？大家可以參考宜家的產品目錄，除了產品照，宜家販售的每件商品都附有美觀悅目的應用場景，讓人們獲得用後感，感覺生活從此更美好。

置物架的效果照加上植物和擺設，文案可以這樣寫：

有了它，生活舒暢有序！

又如，一塊小小的潔面海綿賦予人們的是乾淨的肌膚，同時會讓人心裡感到純淨。我們除了描述海綿的構造與質感，還可以加上以下的文案：

臉上乾淨，心裡也覺得純淨了！

你的產品可以如何滿足使用者對美好生活的嚮往，成全使用者對自我狀態的追求？有了這個，使用者的生活有了什麼正面的變化？只要你用心去想，一定會有所收穫。

精準就是清晰透明不囉嗦

清晰透明是電商文案的基本要求。清晰來自使用者內心的渴求整理賣點，按先後排序。大家可以參考海報章節的示範。

以下的新鮮柳橙汁詳情頁文案簡潔清晰，做到了如水一般清晰透明：

- 「零」添加，「零」濃縮，「零」勾兌，「零」色素
- 每瓶＝6個鮮橙鮮榨，豐富維生素不在話下
- 有效日期僅為45天，購買後必須冷藏是我唯一的缺點

簡潔清晰不囉唆，最後一句更坦誠說出自己的缺點，這個表面上的缺點，實際是在表現產品新鮮的優勢。

清晰的文案令人一目了然，如果再做到如水般透明，更能令人感受到店主的誠意，從而贏得使用者信任。例如，一家銷售日本金隱楓樹的植栽店鋪收到使用者的差評，表示樹苗太小。假如店主能在使用者提出意見前主動思考，在店中展示產品的真實尺寸，並配合以下文案，一定可以減少不必要的投訴和麻煩。

純正的、本真的金隱，雖是很壯的原苗，卻沒有嫁接的大，給點時間，日後它必定氣質超凡。

好水沒雜質，好文案透亮清晰。

以上文案本應在店主的腦海之中，但是他沒有在使用者提出意見之前將缺點變成優勢。這種對話式的真誠文案一點也不難寫，前提是店家一定要明白文案是店家與使用者溝通最方便的途徑，從使用者的角度出發，想一想自己的產品有什麼地方可能不符合使用者的期望，將原因說明白，這樣不僅能先發制人，更能用真誠把缺點轉化為優點，贏得使用者的好感。

想一想……

你如何在文案中先發制人，避免被動的局面？

精準表達，也可以嘗試 4U 法則

4 個 U 是國外對電商文案寫法的建議。這 4 個 U 是：
Unique，即獨特性；Urgent，即迫切感；Ultra Specific，即針對性；
Useful，即有用處。

獨特性

獨特性來自認真研究同類產品的文案，避免因雷同而被淹
沒。舉個例子，某件商品可作為父親節禮物，我們經常能看到以
下文案：

- 送給老人的健康禮物
- 父親節禮物
- 高級訂製送父親

不少店鋪用了這三個比較平淡的標題。雖然標題說明該商品
是父親節禮物，卻令人感到冷冰冰，缺乏溝通，沒有對話感。這
種做法就像我們到旅遊點的門店，每家都在售賣差不多的旅遊紀
念品，讓人提不起興趣。

下面是兩種比較不一樣的寫法：

- 老爸，你辛苦了！
- 父親愛喝茶，送他！

這兩句文案分別屬於一個養生壺、一套老人款保溫杯，親切而具有對話性，比上面三個「泛」標題更加吸引人。獨特性可來自產品的設計、色彩和功能，例如，送給爸爸的養生壺的詳情頁可以更具體地去寫，加強文案與產品的相關性：

謝謝老爸的養育之恩，請爸爸好好養生！

無論產品有何獨特之處，關鍵是這些特點是否符合使用者內心的渴求，如果符合自然可以使用。遺憾的是今天的產品同質化嚴重，解決辦法是讓自己寫的文案與別人的不同。要達到獨特，請看以下建議：

1. 看看同類產品文案的寫法，從雷同中發現不同。
2. 看看跨品類產品文案的寫法。例如，如果要寫美妝產品文案，可以看看和美相關的服裝品牌的文案是怎樣寫的；如果寫的是運動鞋文案，可以看看與速度有關的手遊手機是怎樣描述的。文案一定要擴大視野，積極吸收各方面的養分。
3. 刻意練習。要想做好一件事情，練習是捷徑。

雷同相當於百分之一，你只能是一百個中的一個；獨特是百分之百，沒人能與你媲美。

迫切感

電商直播經常在不經意間帶出迫切感。例如，主播一邊展示產品，一邊隨意地說：「這款也不多了，只有最後兩件。」還有秒殺的倒計時、限量款、即時顯示其他客人購買的商品、明確顯示商品已經售完等等，這些手段都可以為使用者帶來迫切感，讓使用者馬上行動。

迫切感還來自以下典型手段：

1. 限時優惠，售完即止。
2. 限量版或熱門超值商品，數量有限，錯過不再有。
3. 別人都在搶，讓使用者感到不能錯過。
4. 先下單得優惠。

5. 內幕消息，只有少部分人知道。

6. 利用人們懼怕錯過的心理。

前面的 4 條都可由電商在設置購買規則或直播時完成，內幕消息我們在第 2 章已經談及，下面再補充一個例子。一些介質土壤可以令繡球花從粉紅色變為藍色，養花的新手都不知道。對於這類具備知識性的推銷，我們可以在詳情頁中這樣寫：

行動是逼出來的。對方愈緊迫，文案愈輕鬆。

繡球花粉紅變冰藍，內幕全在此！

事實上，許多產品都具備這類知識，例如植栽與相關的產品、烹飪調料和用具、含有特殊成分的護膚品。只要提供的內幕能達到特殊的效果，我們都可以運用少部分人知道的祕密或內幕作為標題。

迫切感的另一思路是懼怕錯過，我們在前面已經介紹過了，此處不再重複。

想一想……

你可以做點什麼，激發他馬上行動？

針對性

針對性首先來自產品本身精準面對某個市場，例如，不同配方的美顏用品適合不同的肌膚，不同味道的薯片滿足不一樣的口味。

針對性一般來自觀察對方的需要。例如，不加糖的原味優酪乳的文案可以根據對方的需要這樣寫：

我知道無糖對你更有益

下面加上無糖對塑身的你更適合、對血糖不穩定的孕媽媽更有益、對容易長蛀牙的寶寶更健康……針對喝無糖優酪乳的特定人群，文案便可以寫得既有針對性又親切。

做舊款皮製錢包的文案可以這樣寫：

不是每個人都懂得舊東西的美，除了你。

加上「你」，無距離。

針對性寫法最簡單的莫過於加上「你」，文案中只要加上「你」，便更具針對性。

- 有了這款麵包機，你就是天才麵包師！
- 原來你的眼睛可以那麼大！
- 有了你和這暖風機，一家好溫暖！

也可以從包裝的大小入手運用針對性，例如 60 袋獨立包裝的黑咖啡，可以這樣寫：

60 小包黑咖，包你 60 個 super morning ！

看看產品的容量，看看能用多長時間，足夠多少人分享，看看是否可以寫出情景還原，看看是否具備針對性。我們反覆說文案就是溝通和對話，親切地對著他說，他會更喜歡聽。

有用處
·········

帶功能性的產品自然有用處。戶外太陽能驅蚊燈能有效趕走蚊子，同時可以讓人享受無蚊宜人的夏夜；防曬霜可以防紫外線，更能讓女性愛惜和保護自己。找到對方內心的渴望，我們可以將產品的物理作用放大為更有說服力的情感效用。

例如，護眼檯燈的功能是照明和護眼，更大的用處是「保護」挑燈夜讀孩子的眼睛。在文案中精確羅列各種功能點是必須的，

除此以外，我們可以加上以下文案：

- 還有什麼比孩子的眼睛更寶貴！
- 保護孩子的雙眼，多貴都值得

以上文案用父母對孩子眼睛的重視引起同理心的共鳴，說服父母此商品非買不可，別無他選。

再比如，一個行動電源的功能不只體現在各種參數上，參數是必須的，在參數之外，想想它對用戶還有什麼好處，例如：

一個真正厲害的人，天涯海角不斷電！

這個充電器不只能為你充電，更能讓你輕鬆地成為一個厲害的人。後面可以加上各種應用場景，例如在飛機上做 PPT 不斷電、在各種人跡罕至的地方不斷電，然後再加上它的各種參數和利益點。

從功能出發，我們要寫出利益點，從利益點出發，我們要思考產品隱藏的用處。透過深入的觀察，多從使用者的角度思考，看看產品與使用者的契合點是什麼，更精準的用處是什麼。

> 找到對方內心最柔軟的地方，產品的用處會被彰顯出來。

打敗敵人，是更高級的精準

無數產品都能幫助人們趕走心中潛藏的敵人。例如，效率手冊趕走拖延症，除痘軟膏擊破青春的煩惱，運動鞋驅趕怠惰的靈魂，顯瘦衣飾擊敗人們不想面對的體型，等等。

在羅列功能的同時，在腦海中想想你可以如何幫助使用者打敗他內心的敵人。例如，效率手冊可以寫得單刀直入，直擊拖延症：

一本打敗拖延症！

對於明顯的敵人，我們可以這樣寫：

- 2 小時全面殲滅小強大軍！（去蟑螂藥）
- 迅即抹掉白襯衫的人生汙點（去衣物汙跡液）
- 征服下水槽的髒亂差（下水槽置物架）
- 一瓶擊敗歲月（抗皺霜）

寫打敗敵人的文案可參考以下思路：

1. 假如產品能戰勝具體的敵人，例如汙漬、異味、令人厭惡的蟲害、使人自卑的頭皮屑等，可以直接用「征服」、「戰勝」、「擊敗」、「消滅」、「擊退」，後面加上所戰勝的具體事物。

英雄情結，亙古不變。

2. 站在對方的立場，想想他心裡怕什麼，什麼是他的痛點。
3. 想想你的產品可以如何幫助他戰勝這些痛點，然後用打敗敵人的語句完成文案。

想一想……

你可以如何幫助別人成為打敗敵人的英雄？

我在淘寶上看電商文案，幾乎可以根據文案寫得是否用心判斷店家產品的品質，並推斷店鋪生意的好壞。不認真的文案代表店主不知道自己在跟誰說話，自家的產品到底為誰而做，能為對方的生活帶來什麼正面積極的改變。好品牌都知道自己為什麼存在，好店鋪也一樣，清楚地知道自己為何而活。

賽門・西奈克（Simon Sinek）在 Ted 演講中講述了偉大的領導者如何啟發行動（How great leaders inspire action），核心的內容就是品牌和店鋪存在的理由，建議大家抽時間看看。

CHAPTER
05

寫好品牌文案，
前提是真的懂品牌

「人人都是品牌」，這是個流行的說法，相信你也會認同。
所以，本章不僅寫給從事行銷推廣的朋友，也寫給認同「人人都是品牌」的你。

「我希望自己能比寶瀅洗衣粉更出名。」
———維多利亞・貝克漢

你是商品、產品還是品牌?

我們的身邊充滿了品牌。我的書桌上有一個精工牌小鬧錶、一盒舒潔抽取式面紙、一本無印良品筆記本、一枝三菱牌簽字筆、一塊施德樓橡皮擦、一個 Kindle 閱讀器、一副 Beats 耳機、一部蘋果筆記型電腦。我身後的小櫃子裡有同仁堂感冒膠囊、樂敦眼藥水,抽屜裡還有數不盡的品牌。那麼,到底什麼是品牌?為什麼品牌像空氣一樣,無處不在?

空氣是沒有品牌的,就像我們直接從水龍頭接的水不帶品牌一樣。糧倉裡的上億噸黃豆、在冷庫裡保鮮的大蒜和花生沒有品牌,它們是貨物,是商品。食品廠生產的餃子和湯圓,工廠製造的運動鞋,生產線上剛完成組裝的手機,以至世界上所有利用原材料製造出來的東西,都不是品牌。

生產線上川流不息的是產品,不是品牌。商品、產品、品牌是三個不同的概念。商品一般指用於生產的原材料,產品指經過生產後銷售給客戶的貨物。商品與產品同屬於生產環節,分別處於生產鏈的不同位置,但都不是品牌。

在高度商業化的社會中，人也像是在傳送帶上運轉的產品。網紅、大 V、偶像歌手、明星超越了一般產品，他們全部具有品牌思維，所以他們擁有個人品牌，他們身邊的經紀人就是他們的品牌管家。事實上，每個人都有機會被塑造為成功的品牌。但在此之前，我們需要釐清品牌的概念。

常見的認知誤區

品牌具備名稱，通常帶有符號和設計，方便人們識別。這是人們對品牌的通俗定義。那麼，擁有名稱、帶有符號和設計便是品牌嗎？我們買水果時經常會見到水果上帶有一個小自黏標籤，上面會有「李小二」加個笑臉、「福滿園」、「真滋味」等不同的符號，字體都經過設計，有的圖案還帶有花哨的裝飾。

水果貼上了帶有設計的名稱，方便人們識別。但是，除了生產者和銷售者，幾乎沒有人會注意這些標誌。這些水果都有品牌名，然而，有了品牌名不等於有了品牌。

品牌名是客觀的、可見的，是那個帶有設計標誌的名稱。而品牌只存在於人們的主觀意識中，是人們從品牌名中獲得的真實感（例如一雙鞋）以及情感體驗（擁有這雙鞋的感受）。簡而言之，品牌是人們看見品牌名後腦海裡想到的一切。應用於個人，道理相通，有了頭像和名字不等於你擁有個人品牌。

不管是有形的餅乾、無形的網絡，還是個人品牌，具備接下來這一節介紹的特點才算真正擁有自己的品牌。

想一想……

你身邊有多少品牌，它們是否只是個品牌名？

什麼是品牌？

品牌是承諾

品牌賦予人們的不只是商品的功能，更包括承諾人們從中獲得的感受。例如，一輛豪華汽車承諾的不僅是 350 馬力、5500 功率轉速、頂級內裝，還包括這輛車帶給人的身分和地位。

品牌賦予人們身分和地位便是品牌給消費者的承諾。不同品牌帶給人們不同承諾，有的答應對方「擁有身分地位」，有的賦能人們「走在潮流前沿」，有的品牌讓人變得「精明幹練」，還有的應允使用者「清純可愛」。一旦品牌做出承諾，便必須履行承諾，答應了就要做到。

品牌像婚姻，總要承諾點什麼。

假如你想做一個品牌，想一想你能賦予消費者什麼，你能承諾消費者什麼？

想一想 ⋯⋯⋯⋯⋯⋯

我最喜歡的品牌是⋯⋯，它承諾我⋯⋯

品牌令對方有所期待

基於你的承諾，人們花時間與金錢選購你的品牌，必然會對你的承諾有所期待。如果你所賦予的與對方的期待不相符，對方會掉頭就走，去選擇別的品牌。例如，以前你可能會認為某運動品牌很酷、很好看，後來有了更酷、更有型的另一品牌，你便不再選擇前者，甚至把以前天天穿的那雙球鞋收到床底下，因為它已經不再符合你的期待，不再酷了。

如果希望品牌永續，必須不斷滿足人們的期待。

建立個人品牌的道理與此完全相通。如果你是一個品牌，你

將賦予別人什麼？你所賦予的是否就是對方渴求的？人們對你將
會有什麼期待？

品牌讓人很有感覺

停車場管理員看見一輛瑪莎拉蒂駛過，帶著豔羨的目光，不
由自主地驚歎：「開這車，真拉風啊！」這是人們對這個豪華汽
車品牌的觀感。成功的品牌往往令人很有感覺，這種感覺從何而
來呢？

很多人認為品牌是商家創造的，但是大家可曾想過，商家
預設的品牌形象與消費者腦海中的品牌觀感其實沒有必然的因
果關係。商家只能引導，品牌是由消費者的集體想像完成的。
無論是戶外看板、短影片、路演、品牌植入，還是網紅助推，
不管是線上還是線下，一切推廣都是引導而已。商家能做的、
要做的，是透過推廣內容去引導消費者，成功將自己的臆想變
成消費者的想像。

品牌不僅是商家的臆想，更是消費者創造的集體想像。

大家有沒有注意到，我們身邊的偶像也是品牌，他們是人們
集體想像的極致表現，更是塑造品牌的高手。偶像透過一言一行，
千方百計將自己預設的形象變為粉絲腦海中的想像，最後成功塑
造自己的品牌。

如果你希望為自己打造個人品牌，不妨觀察偶像如何引導
自己的粉絲，例如，他們說了什麼金句，發了什麼照片，推了
什麼內容，用了什麼手段，以什麼樣的節奏來打造他們希望建
立的形象。

好品牌是「承諾」預見「期待」

消費者認為品牌方提出的承諾是什麼,便會對承諾產生一定的期待,一旦期待與承諾完美相遇,一個扎實的品牌便會逐漸形成。

例如,消費者對 Volvo 的期待是安全,而 Volvo 在安全上能做出承諾,所以安全等於 Volvo;消費者期望香奈兒優雅,而香奈兒以它的歷史與產品承諾優雅,於是優雅等於香奈兒。

一群消費者的個人觀感加起來成為集體想像與觀感,只要這種觀感符合商家的承諾與消費者對品牌的期待,這個品牌便能成為好品牌。

> 好品牌是商家的「承諾」得兌現,受眾的「期待」被滿足。

想一想……

我的個人品牌承諾別人什麼?別人對我有什麼期待?

好品牌一定具備品牌價值

一個售價 40 萬美元的愛馬仕 Birkin 包真的比 LV(路易威登)的更好嗎?另一品牌一個價格 17,000 元台幣的包確實跟一個 LV 包差十萬八千里嗎?從物件本身來看,絕對不可能。40 萬美元的包不會比一個 17,000 元台幣的包在用料、做工上優勝 700 倍,它們之間的差別與售價完全不成比例。

假如我們去問一位手中提著 17,000 元的、心裡渴望得到 40 萬美元包的女生兩者的區別,她會聳肩莞爾,覺得這個問題太過無知,十分可笑。因為在她心中,這兩個品牌不是一個級別,不能相提並論。

這種非理性、純粹由觀感產生的價值,便是品牌價值。品牌價值有無數學院派的解釋,這裡不做深入探討,僅做簡單說明。

- 品牌價值就是使用者對商品或服務願意額外付出的金錢。
- 好品牌都擁有神奇的魔力，讓人們失去理智，甘心多付錢。無論是一瓶法國進口礦泉水，一個名牌包，還是一輛豪車，道理無二。
- 品牌價值不僅可用溢價力衡量，還可以根據使用者的非理性行為判斷。例如，某名牌店限定購物人數，需要排隊才能進；某限量版球鞋要求顧客付費參加抽籤，能夠參與的人卻萬分欣喜，覺得相當榮幸。
- 總的來說，消費者願意付出的額外金錢愈多，自願自覺的非理性行為愈甚，品牌便愈有價值。

創造品牌價值需要打造品牌文化和進行品牌推廣。我們看到的名牌時裝在高級商場做戶外廣告看板，名車贊助古典音樂盛會，名牌運動鞋請籃球明星做推廣宣傳，咖啡店賦予顧客個人空間與打造咖啡文化，都是創造品牌價值的手段。品牌一旦擁有價值，便能增加其溢價能力。在後面的品牌故事部分我們會談到這方面的內容。

把品牌思維應用於個人，道理是一樣的。誰是最成功的品牌？最受歡迎的偶像是世界上最成功的品牌之一。為什麼他們成功？因為他們擁有最多粉絲。什麼是粉絲，粉絲有什麼特點？粉絲是一群甘心為自己的偶像做出非理性行為的人，其中包括跟蹤、偷窺、偷拍明星日常生活的「私生飯」；跟著偶像全球巡迴演出，偶像出現在哪兒就亢奮尖叫到哪兒的鐵杆粉；還有無數往臺上扔毛絨公仔、內衣的女粉絲；等等。愈多人做出非理性行為，偶像自身的品牌價值便愈高。

品牌價值＝用戶願意額外付出的金錢及非理性代價

好品牌經得起「轉行」測試

判斷一個品牌就像看一個人。一位誠實可靠的交通車司機轉行去開小吃店，你會相信他不會用地溝油和黑心食材；一個具有鮮明個性的品牌轉去經營其他領域，我們不用多想，便知結果如何。

成功的品牌都經得起這個超級簡單的「轉行」測試。

假如愛馬仕開一家飯店，我們能想像這家飯店一定品味超凡，連床單被子都是手工縫製的，每個細節都追求極致。設想耐吉要開一家飯店，這家酒店應該活力十足，除了電梯，還有很酷的互動樓梯，讓客人出入不忘運動，高高興興跑樓梯。

我們可以看到這兩個品牌都有清晰鮮明的個性，一個追求工藝的極致，另一個活力十足，充滿正能量。

每個成功品牌的個性都不同，個性鮮明是成功品牌不可或缺的因素。假如品牌的個性能順理成章移植到新的領域，這就是一個成功的品牌。相反，沒有確立個性的品牌只會是無源之水，無本之木，很難引發想像。

想一想……

你喜歡什麼品牌？如果這個品牌轉去開飯店，你覺得這家飯店會有什麼特色，品牌的個性又是什麼？

品牌不是 Logo

為什麼人們看見不同汽車的 Logo 會產生不同的感受？ Logo 是品牌嗎？

假如品牌是兌現的承諾，Logo 便是對承諾的重現，以達到提醒的目的。

看見可樂的 Logo，我們會想起可樂賦予人們樂觀快樂的精神；順豐的 Logo 承諾可靠；BMW 的白加藍與黑色外圈上的「BMW」，提醒我們這個品牌能帶給人們駕駛樂趣。

沒有品牌內涵的 Logo 只是一個標記，就像我們上面提到的水果上的 Logo 一樣。我們在街上經常見到用三個字母組成的 Logo，例如，大蘋果連鎖餐廳的 Logo 是 DPG，吉利順洗車連鎖的 Logo 是 JLS，這些放在店前的 Logo 缺乏品牌內涵，只是一個標

Logo 不等於品牌，沒有品牌內涵的 Logo 只起到識別的作用。

識而已，有名無實。

所以，不要以為有了 Logo 便等於有了品牌。只有炫目的 logo 而缺乏內涵的品牌，只是一個識別標記，和品牌相差甚遠。

想一想……

你身邊有多少 Logo，有多少是品牌？

想建立品牌，請先回答兩個問題

無論你是給自己創造個人品牌，還是為別人打造品牌，你必須回答兩個繞不過去的問題：

1. 你的品牌是給誰的？
2. 你的品牌賦予人們什麼？

你的品牌是給誰的？

假如你是一瓶洗髮精，你不可能適合全世界所有人。

許多品牌方希望自己的品牌人人皆知，家家讚好。這跟過去品牌的宣傳方式與管道有關。過去幾十年，付費廣告是宣傳品牌的主要途徑。家家天天吃過晚飯看電視，電視機前有中年人、青年人、少年、老人、牙牙學語的小寶寶，廣告是給所有人看的。那個年代，品牌方也就是廣告主只能根據電視節目的類型、過去的收視率報告、各種調查研究與假定，執行廣泛的所謂精準投放。

網路的出現打破了這種廣泛的宣傳模式。今天，我們的手機使得每個人手中都有一台個人專屬的資訊終端，可以簡單比喻為每個人都有一台專屬的電視機和信號發射塔。品牌能透過平台獲取人們的資訊，透過大數據分析，實現真正的精準投放。

網路同時也賦予個人更大的權利，讓人人快樂分享，熱情點評。個人變得史無前例的巨大。千人一面變成了唯我獨尊。世界變成一個一個小點，每個小點是每個個人，每個個人亦是一個世界，遠看是小點，近看是世界。

每個人都是一個世界，人人都是一個故事，每個人都有不同的渴望、不同的問題。比如，針對三千煩惱絲，世界上有數不清的洗髮精配方；而在以前，只有油性、中性、乾性與去頭皮屑的簡單分類。

我們身邊的產品與服務變得豐富多元，其中一個原因是網路為個人賦能，讓人人感到自我變得極為重要，需求個性化便成為重中之重。

你必須找出你的品牌真正要對誰說話，為誰解決什麼問題，清晰定義你要把產品賣給誰。無論你要建立個人品牌還是你就是品牌主，你一定要找出真正會對你的品牌感興趣的人，唯有這樣，你才可以集中火力去思考，去行動。

目標不用過大，精準為上。瞄準小目標前進更為可行，也更加可取。你要出征的星球在哪兒？這個星球有什麼特徵，上面住的是怎樣的生物，他們平常喜歡做什麼，他們喝什麼束西，聊的又是什麼？

> 想一想……
>
> ─────────────────
>
> 狠狠問自己：「我的星球在哪兒？」

對任何創業者來說，沒有什麼比找出真正的使用者以及發展這些使用者更為重要了。無論你是經營一家電商小店，經營一個公眾號，還是發明一個新產品，寫一篇文案，你都必須找到你的真正使用者。同時，你要認真思考下面這個問題：「我做的」是否就是「對方想要的」？

對方是誰，他到底渴求什麼？無論是賣煎餅果子的，還是一位

世界不再千人一面，而是唯我獨尊。

每個人都是一個世界，每個世界的渴望與難題都千差萬別。

當代藝術家，如果你需要與對方進行交易，你都需要思考這個基本問題：「我做的」是否就是「對方想要的」？因為唯有做到「我做的」與「對方想要的」高度契合，對方才會買單，你才有可能受到歡迎。這是我在廣告行業學到的道理。事理往往有多種解法，但殊途同歸。

你的品牌賦予人們什麼？

如果你是賣圍巾的，你肯定你賣的是圍巾嗎？

假如你是賣高價位圍巾的，你認為你賣的是什麼呢？你賣的是圍巾能保暖嗎？能夠花 2000 多元買一條圍巾的女士，衣櫃裡大概已經疊好了 10 條以上圍巾，加上她們出入都有暖氣，根本不需要保暖。

從功能的角度出發，沒有人必須要一條 2000 多元的圍巾。我們生活在一個物質極大豐富的時代，大部分人的基本需求已經被滿足，吃飽穿暖已經不是問題。所以，顧客願意花錢買你的高價圍巾往往是因為：

- 她覺得這個品牌曾經為國際大品牌代工，十分高級。
- 她覺得圍巾由青藏高原的藏族牧民手工編織，很酷很另類。
- 她覺得這個品牌的創辦人有故事，有個性。
- 她覺得這個工坊有使命感，有文化。
- 她覺得自己戴上這條圍巾後的感覺好極了。

客戶想從這條圍巾得到一些感覺，保暖功能並不是她考慮的首要因素。她可能覺得這個小眾品牌有品味，認同這個品牌的價值觀，喜歡產品照中的藏族模特……事實上，品牌賦予人們的是「感覺」，人們買單也是為了「感覺」。品牌賦予的承諾與使用者心中的期望，核心也是感覺。感覺由多方面綜合而來：產品品質、產品設計、包裝、品牌故事、品牌理念、品牌推廣、品牌活動，每一個接觸點都會賦予使用者不同的感受。所以，我們必須考慮品牌能令人們產生怎樣的感覺。

- 贏得別人的羨慕、尊重和讚美。
- 讓她覺得十分好看十分美。
- 令他笑得開心。
- 使他內心安寧。
- 讓他覺得愉悅。
- 令他感到新奇、有創意。
- 使他感到很穩妥、很安心。
- 讓他懷舊，回想過去美好的時光。
- 感到十分浪漫。
- 覺得很健康，對自己和家人負責。
- 覺得自己敢作敢為，有冒險精神。
- 使他感到屬於某個群體，例如屬於一個地域、一個民族。
- 讓他感到瀟灑自由，無拘無束。
- 令他受到鼓舞，自我得到肯定。
- 鼓勵他聆聽內心的聲音，走自己的路。
- 感到自己有勇氣，壓力之下毫無懼色。
- 讓他覺得自己做了筆精明的投資。
- 幫他（她）很好地扮演某個角色，例如成為一個理想男友，或者成為一位好媽媽。
- 使他感到一天的辛勞得到慰藉。

想一想……

你的品牌能賦予人們什麼感覺？答案不一定限於上面。

　　文案的工作是引導和帶領，讓使用者想像自己能獲得所期待的感受。感受有千萬種，但以下這個道理永恆不變：人們獲得的正面感受愈深刻，品牌愈成功。

CHAPTER
06

講好品牌故事，
讓你的文案一字千金

故事，彷彿就在我們思維的基因中。
人類學家認為故事是推動人類邁向現代文明的重要因素之一。
從古到今，我們不斷為浩瀚無邊的宇宙和身邊的事物講故事。
我們編造月亮裡有宮殿，天上有宙斯與王母娘娘，
海底有龍王坐鎮龍宮，戴上戒指便能隱身，還有星球大戰和玩具總動員……
人類對故事的熱情，從未停歇。

「人們沉溺故事。即使睡著了，還在夢中不斷
編織。」
——喬納森・戈特沙爾

成功的品牌都是講故事的高手。可口可樂為我們講快樂的故事；耐吉給我們講不屈不撓的故事；蘋果告訴我們賈伯斯的故事，賈伯斯也為蘋果講故事。講故事，是引導消費者、建立品牌的好辦法。我們在上一章提到的品牌溢價能力，便是從品牌故事而來。

你要講的是什麼故事？

每個品牌都是獨立的個體。不同的品牌來自不同的行業，擁有不同的市場，面對不同的受眾，做出不同的承諾。辣味花生不可能跟醫療器械講一樣的故事，兒童積木的故事也很難跟芝麻油的故事相同。

你要講述的是怎樣的故事？無論你要講的內容是什麼，請思考並認真回答上一章提到的兩個關鍵問題：1.你的品牌是給誰的？2.你的品牌賦予人們什麼？

這兩個問題的重點都指向對方。對方是誰？對方在哪裡？對方喜歡做什麼？請記住：對方不會主動尋找你的品牌故事，你的

故事需要與他眼前所有的資訊競爭以贏得他的青睞。你需要知道對方愛看什麼，你賦予的是否就是對方想要的。

先看看人們喜歡聽什麼故事。以下是 Google 對影片內容調查得出的人們喜歡看的影片內容（按先後排序）：

1. 能使我放鬆
2. 教我東西
3. 讓我對個人興趣有更深的認識
4. 逗我笑
5. 與我熱愛的事物相關
6. 具有啟發性
7. 讓我忘掉身邊的世界
8. 使我獲得更豐富的知識
9. 回應我關心的社會話題
10. 大製作

如果我們還是以傳統的廣告方式思考，盲目相信大製作、大明星，恐怕會掉進過去的思維模式中，忙了半天卻不一定是對方想要的。大製作在過去的調查研究中排名前五，現在已經落到後面，背後的原因是資訊民主化、平民化。

網路是開放的，在開放的虛擬世界，以開放的態度打造品牌，是最聰明的策略。打造品牌是一個十分廣泛的課題，品牌也不是一天建成的，品牌故事需要持之以恆講述。故事講得愈好，品牌的價值愈高。我在這裡提出一些方法供大家參考。

怎樣講品牌故事

教你做
....

假如一家黏土玩具廠家需要建立品牌，我們要問：誰在買？對方為什麼買？他們面對的障礙是什麼？黏土的購買者是家長，媽媽買黏土是為了孩子有東西可玩，但她怕買回來不知道怎樣具

體操作。所以，「教你做」的影片可以幫到媽媽，解決她的難題。

如果我們能更進一步，讓媽媽感到這些黏土不僅可以做成鴨子、貓咪、樹、鳥，而且能夠啟發寶寶的創造力，媽媽必定會覺得收穫更大，會排除萬難學會如何操作。我們可以製作這樣的影片內容：

- 用黏土做出八大行星，用實體形象讓孩子認識我們的太陽系。
- 按霸王龍與孩子的身高比例做二者的微縮版，讓孩子感受大小對比。
- 用黏土做出一朵向日葵，與孩子一起尋找紅彤彤的太陽。

發揮孩子的創造力是這個品牌提出的主張，「教你做」的影片是品牌故事的內容。日積月累，人們便會對這個品牌另眼相看，因為喜歡品牌講的故事而愛上這個品牌。

這些影片的內容可以是大人與小孩的雙手一起用黏土進行創作，配上音樂與字幕，影片後面加上發揮孩子創造力的文案和產品 Logo，最後加上 CTA（Call to Action，行動召喚）邀請使用者一起創作。使用者將作品寄來後，品牌方可以重新剪輯成影片，成為源源不斷的品牌故事。

「教你做」的影片不一定需要示範產品功能，我們要不斷去問使用者內心想要的到底是什麼。

下面是另一個例子。

書房傢俱如果想要建立品牌，不一定要教導人們如何布置書房。客戶購買書架和書桌是為了尋找自己的精神家園。我們要問，為什麼人們要尋找精神家園？原因很可能是生活太緊張，人們需要放鬆，需要讓自己安靜下來，好好看書。

我們可以請一位伸展教練在一個雅致的書房教人們做簡單的伸展動作或是冥想，幫助人們舒緩緊張的情緒，獲得安寧。

在拍攝的時候多花心思布置場景，將雅致的傢俱陳列其中，讓人們感受書房賦予的安寧，感到這個地方就是自己嚮往的「精

神家園」。使用者喜歡這個空間，自然會潛移默化對空間裡的傢俱另眼相看。

「你的精神家園」是這個品牌的核心主張，透過「教你做」的影片教導人們如何打造「精神家園」是這個品牌要講的故事。經過長時間積累，不斷補充內容，品牌便能逐漸在消費者心中留下良好的印象。

對於個人品牌，道理是一樣的。不管你是教人美妝還是教人做飯，你必須考慮對方內心真正的渴求，回應對方內心所想，清晰知道他們需要什麼，用你的承諾回應對方的期望，便能講好你的品牌故事。

思考使用者想要什麼，便會知道要教什麼。

想一想……

你的品牌可以教對方什麼，你可以與人們分享什麼？

用案例說故事

有些職業比較冷門。我有一位朋友是色彩師，工作內容是顏色設計，為高級時裝提供色彩搭配以及染布工藝建議，同時為對色彩有要求的個人提供諮詢服務。她的職業很特別，開始的時候我聽得一頭霧水，後來看了她的工作照，才真正瞭解她做的是什麼。我覺得有些品牌就像這位色彩師，比較冷門，離人們比較遙遠，不是三言兩語可以說清楚的。

如果品牌具有下面的特點，可以採用案例法來講品牌故事，讓別人瞭解你。

- 人們感到與品牌相關的業務和自己的日常生活不太相關。
- 品牌提供的服務或產品相對複雜。
- 品牌相關的受眾為特定群體。

例如，智慧移動辦公平台的應用情景多元複雜，透過幾句文案很難說清楚。而使用案例手法，我們可以將品牌結合應用場景，把故事聚焦到一部電影或紀錄片的製作上。圍繞製作團隊透過這個智慧移動辦公平台實現試鏡試妝的檔案分享，導演與其他團隊成員在各地取景並進行影片會議，道具與場務利用平台輕鬆報銷費用，拍片的通告一一順利執行，展示平台如何為每個人賦能，幫助大家排除萬難，最終成功上映或播出。

智慧移動辦公平台還可以幫助人們實現時裝秀、音樂會，或是實現網紅身在國外與本地團隊的無縫協作。

我們可以將這個智慧移動辦公平台的品牌主張定為「成就更多」，將本質比較冰冷的品牌與人們感興趣的事物結合起來詳盡表現。通過對方「想看的」，實現品牌「想說的」。

在人們不清楚你是誰，你是做什麼的，你能賦予對方什麼的情況下，用案例方式講述品牌故事，立體示範品牌，比空洞大氣的文案更能一矢中的。

想一想……

上面舉例的智慧移動平台還可以使用什麼案例法？

講好自己的品牌故事

看看今天最受歡迎的 UP 主，我們便會明白無論年齡與顏值，人人都可以當主角，講自己的故事。品牌也一樣，只要有故事，人們便願意聆聽。

品牌講自己的故事採用的基本結構，可以跟民間傳奇故事相同。故事包括品牌創建者遇到重重困境，透過其頑強的意志與快速有效的行動，最終衝破險阻，開創了新天地。這樣的故事主角不限於賈伯斯和馬雲，任何不斷努力的小店也會有類似的經歷。

故事＝人物＋困境＋嘗試擺脫困境

任何創業者都應該記錄自己的經歷，為經歷留下視覺資產，例如：

- 拿起手機拍下你的品牌發祥地。一間破平房，一個路邊小攤，一個不見天日的地下室，都是故事引人入勝的好開始。
- 用照片與影片記錄你與工作夥伴不眠不休，一起奮鬥。
- 讓人們知道你們為提高產品品質與服務煞費苦心。

品牌講自己的故事有多種方法，下面是一些建議：

- 以時間為軸比較容易掌握。例如：某年某月在某個偏遠的角落……採用年、月、日、地點，再加上人物，根據品牌的發展歷程將故事展現在人們的眼前。
- 可由創業者自己講述或是採用第三視角客觀陳述。
- 不需要炫目的特效與大製作。假如預算有限，使用照片配上聲音也能成為動人的故事；預算足夠的話，可以選擇實拍或使用有趣的動畫。

你不自己記錄，別人也不會記住你。

> 想一想……
>
> 馬上收集你的故事素材，為你的品牌留下印記。

請別人來講你的品牌故事

證言式故事是建立品牌常見的手法。證言也就是「請別人來講你的品牌故事」。故事宜真不宜假，難點在於尋找真實的好故事。

故事在哪裡呢？

從使用者留言中尋找

只要用心就會發現，故事就在我們身邊。我在淘寶上便看過使用者在留言中寫下自己與行李箱的故事：

- 給男友買的兩週年紀念日禮物，不大不小剛剛好，我的男友 183 公分，箱子很適合他。
- 和我以前用過的很相似，以前的丟在了長沙。感覺像找回很多東西。

這些留言稍加整理便能成為生動的行李箱品牌故事，為品牌創造價值。根據這些留言，我們可以將品牌主張定為「滿載難忘」，沿著這個品牌主張不斷充實內容。

除了用戶留言，品牌故事的素材還可能在對同類品牌的評價中，也可能在對競品的評價中，可能在淘寶、京東，也可能在微博或其他平台。花點兒時間去發現，一定會有收穫。

透過客服收集

客服不僅僅是處理投訴的人，更是聽故事的人。多年前一家果仁電商以半夜陪使用者聊天而製造了市場行銷的話題。我相信這些聊天內容都能變為品牌故事的好素材。不妨將收集故事變為客服的工作任務之一，一個月收集一個好故事，一年便有 12 個，相當可觀。

與新聞或紀錄片專業人士合作

如果預算許可，可與新聞或紀錄片專業人士合作。國內有許多優秀的新聞或紀錄片導演與製作團隊，他們擅長挖掘故事，懂得用事實感動人們。講品牌故事要多打情感牌。人是情感的動物。情感不限於人與人，人與品牌同樣有情，例如喬丹與耐吉相當於灰姑娘與玻璃鞋。一個人和一雙襪子、一個馬克杯、一碗麵都有說不盡的故事。請別人為你講一個充滿情感的品牌故事，是創造品牌價值的好辦法。

情感投資，保本保息，保證長期高收益。

尋找幕後故事

看電影時人們喜歡看花絮，比如被剪掉的片段、NG 鏡頭、
製作花絮等，這些內容讓人們從另一個角度瞭解一部電影，從
而進一步加深印象。如果產品是具有工匠精神的製作者手工製作
的，將產品的製作過程展現出來，能令品牌更有溫度與品味；假
如產品的原料來自深山或人們嚮往的某個地方，將那裡的地理環
境展現給人們，可以加強品牌的可信任度。

幕後故事一直是廣告宣傳的經典手法。農夫山泉曾經創作了
一些優秀的短片，用水源講品牌的幕後故事。愛馬仕、Burberry（巴
寶莉）等奢侈品牌也經常用工藝精湛的工匠說品牌。

幕後故事不限於名牌，手工打造的工具、食材、茶葉、手工
縫製的服裝也適合使用這種手法。

科技產品同樣有無數生動感人的幕後故事，例如產品設計靈
感的閃現、設計師的個人經歷，都可以成為故事的源泉。

講述幕後故事，可以從人物、時間和工藝入手。例如，一些
農產品只在某個節氣才收穫，一些手工織品必須使用某個季節出
產的原材料，工匠需要經歷多長時間的訓練，需要掌握什麼樣的
特殊技能，設計工作室的特殊採光，等等。不妨想一想，有沒有
出色的手藝人或專業人員可以作為你的品牌故事的主角？

用好明星的力量

戶外看板廣告常用偶像明星，由於表現形式千篇一律，往往
很難分辨誰為誰代言。有時候我甚至覺得是品牌為明星代言，是
品牌幫明星宣傳，而不是明星為品牌加分。如果希望用明星，我
們是否可以讓明星不當紙板人，而是演出有血有肉的角色，像電
影一樣引人入勝？看到叫車軟體請明星代言，我心裡不禁這樣想：

- 請明星代言叫車軟體，是否可以讓明星變身車隊的司機之
  一，接送客人？
- 設想明星戴上墨鏡與帽子去接單，與乘客聊天，最後終於
  被乘客認出，充滿驚喜！
- 將攝像機裝在車中，便可以拍攝客人與司機有趣的對話，
  成為有趣好玩的短影片，製造話題，吸引眼球。

只要願意花錢，請明星代言不難，但如何用好明星卻不是簡
單的事兒。想一想明星是否可以當快遞，做銷售員，或是成為客
服？讓明星做些有趣的事情會更有吸引力。花每一分錢都必須物
超所值，何況花大錢呢。

讓明星不像明
星，會更閃更
亮。

不要浪費好評

口碑是最有價值的免費文案，好評可以成為你的品牌故事的素材。收集使用者的好評，將好評製作成海報，應用在店面、主頁、社群媒體推廣上，再把設計圖配上音樂，便能成為你的品牌宣傳影片。

讓買家成為品牌大使

聯繫給予好評的客戶，徵求對方同意後使用其給出的好評，同時給予他更多 VIP（貴賓）禮遇，讓他成為你的品牌大使。

好評必須有針對性

選用的好評不能是「物流真快！」、「還未試，看來不錯」、「服務真好」這類通用評價，而是必須與品牌相關，更需要回應使用者的內心需求。思考使用者希望從你的品牌獲得的感受是什麼，例如，食物賦予全家共用的歡樂，美妝得到意外的好效果。

簡潔為上

浪費別人對你的好評是最大的浪費。

如果沒有專業的美術設計，那麼簡潔永遠是最恰當的選擇。將好評放在美觀的產品照上，或是使用搭配適宜的純色背景，均是可行的方法。

來場「問與答」

對於含有黑科技或新生事物的品牌，可以用「問與答」進行品牌宣傳。例如，人人都知道有機食品，卻不太清楚有機的優點是什麼？是不是更有營養？為什麼價格那麼高？怎樣的認證才可靠？又例如，活性氧為什麼會出泡泡，為什麼可以去茶漬，是否對人體有害？透過問與答，你可以解開人們的疑慮，透過賦予對方知識來建立品牌。

進行「問與答」的品牌宣傳可以採用以下步驟：

1. 找問題：從知乎、百度、微博、微信等平台收集自身品牌和其他競品的常見問題。
2. 找感覺：將使用者渴望從你的品牌獲得的感覺寫下來。
3. 答問題：回應找到的問題與客戶希望得到的感覺，將你的答案寫下來，包括你的品牌所做的、所具有的、所能承諾的行動。
4. 定形式：可以選擇真人自問自答，也可以採用字幕形式回答。
5. 寫稿子：如果是真人自問自答，請寫下詳盡的稿子，多次排演後再製作；如果是字幕形式，文字必須短而精，避免使用長句子。
6. 定長短：如果內容過多，可以分成系列影片。

問答的內容一定要以使用者希望從你的品牌得到什麼為過濾的條件，不能答非所問。很多人認為「品牌」是個大詞，必須嚴肅大氣。然而，事實告訴我們，能豐富對方的知識，使人放鬆，是最受歡迎的問答內容，也是建立品牌的好方法。

建立個人品牌也可以採用「問與答」的方法。如果你是行銷專家，你可以總結人們的銷售推廣難題，自問自答；假如你是美食達人，不妨收集使用者的常見疑問一一解答。通過問與答，不僅可以與對方建立融洽互動的關係，還可以表現自己廣博的專業知識，樹立權威性。

想一想……

找出對方的常見問題，深入淺出地做一場「問與答」。

用示範呈現

不少人以為品牌宣傳必須寫下遠大的願景、品牌的發展歷程、團隊的協作，表現企業志存高遠、征服世界的夢想。如果品牌宣傳片是內部使用或用於銷售大會與官方接待，這類傳統的品牌宣傳片必須這樣做，而且自有它的存在價值。

假如你希望向消費受眾宣傳品牌，必須站在對方的立場思考。想一想你的願景是否能讓他放鬆，教他東西，逗他笑？如果做不到，那麼請放棄將自己心中想說的強加於對方的想法。

使用者對品牌最直觀的感受來自產品，倘若你的產品出色到足以為品牌證明，示範展示是建立品牌的好手段。

示範不只是展示產品功能，更重要的是讓對方收穫他內心渴求的感覺。你能使對方驚歎、放鬆、安心還是興奮？尋找他所渴求的，用示範回應他的需求。

你可以直接透過產品示範宣傳品牌，更可在技術上進行探索，看看是否可以透過技術，讓對方將產品虛擬放置在他的家中進行體驗，從體驗中感受品牌的承諾。

示範不限於真人演出，還可以採用動畫或是有趣的資訊圖表達。

以生動輕鬆的直播，甚至以試吃的方式，將產品免費送給使用者，請使用者來現身說法也未嘗不可。

人們經常執著於產品宣傳不同於品牌宣傳。如果產品是講品牌故事的好素材，我認為沒有必要執著於固有觀念。例如，戴森在國外的品牌宣傳片是直接由戴森先生在門市為大家展示和介紹產品，以一個小小的無線直髮器講述品牌的承諾。

你的產品便是你手中的資源，你的資源愈優秀，你的故事就會愈吸引人，你的品牌在人們的心中也會變得更卓越。卓越的品牌，會令人感到你的產品更加可靠優質，由此形成良性循環。

建立個人品牌，道理相通。自問一下，你個人擁有的資源是否足夠優秀，是否足以創造卓越的品牌？

想一想……

示範類的品牌宣傳對產品有什麼要求？先決條件是什麼？

乾脆不說自己

我們的手機接收的內容大多是自動推送的，大部分人都習慣點擊推送的內容。如果你清楚你的品牌受眾關心什麼話題，喜歡看什麼，那麼可以從他愛看的內容著手進行品牌宣傳。

例如，節能環保車主大部分都關注環保，所以你的品牌宣傳可以圍繞對方關心的一些話題，比如，地球上的蜜蜂面對怎樣的環境挑戰？冰川融化將對地球及人類造成多大的影響？

在品牌宣傳中乾脆不說自己，而與對方交流他感興趣的內容。透過分享他關心的話題，在價值觀上與對方形成共鳴。

共鳴是達成銷售目標的前提。只要品牌與客戶有了共鳴，實現銷售自然更有把握。至於是否能達成理想的銷售目標，還需要在各個環節多下功夫。把產品細節留在產品介紹上，讓有興趣購

買的消費者仔細研究。

　　品牌宣傳不限於自創內容，你還可以通過冠名贊助、洽談版權、資源置換來實現。如果預算有限，只用照片配旁白講故事，也可以做到小而美。

　　建立個人品牌，不需要以己為重，多考慮對方的價值觀與興趣，從共鳴中可以收穫更多。

賣自己的東西，要說別人感興趣的事兒。

想一想……

你的受眾對什麼感興趣？你可以提供什麼內容引起他的共鳴？

拿過來改編一下

　　多年前英國《衛報》將三隻小豬的故事改編為短影片《小豬殺掉大灰狼》，表現新聞的力量，成為品牌宣傳的經典。新冠肺炎疫情期間素人歌手改編《寂靜之聲》（*The Sound of Silence*）的歌詞，勸導人們樂觀積極，在海外贏得不少掌聲。改編是創作的常見手法，音樂和小說常運用改編。建立品牌，同樣可以改編。

　　當人們看到自己熟悉的事物，自然會被吸引；當事物被顛覆，違反了人們的固有認知，人們會更加關注。改編大家熟悉的電影片段，改編經典台詞，改編歌詞，改編流行句，改編經典童話故事、民間傳奇，如果改編得好，可以成為建立品牌的聰明辦法。

　　使用別人的知名度為自己開路，聽起來有點不勞而獲，但只要掌握好尺度，也是創作的一種方式，同樣可以取得好效果。

　　可以嘗試改編其他廣告的高大上文案去說自己品牌的小而美，用幽默的手法，從否定建立肯定。句型可以用：沒有「華麗的什麼什麼」，卻有「難得的什麼什麼」。後者的「什麼」必須

符合使用者內心想要的。試著思考一下，鐵扇公主的芭蕉扇是否可以改編用於空調或油煙機的品牌宣傳，網上正流行的那句話是否可以改寫為你的品牌承諾？將觸角延伸到工作以外的領域，可以得到更多創作的靈感。

改編需要注意版權。如果沒有購買版權而公開發布改編的電影或歌詞，會惹上官司，千萬要留神。如果是經營個人品牌，這方面的限制相對比較寬鬆，但也要以不引起法律糾紛為重，請謹慎斟酌。

把自己的故事摻進別人的故事裡，有戲。

想一想⋯⋯

試將一個古老的傳說改編成一個真誠品牌的宣傳故事。

使用者生成內容

朋友圈常見人們曬生日禮物、花束和生日蛋糕，站在品牌推廣的角度看，相關品牌沒有好好利用這些照片資源，這些照片可以說是被資源浪費了。如果相關品牌懂得好好利用使用者自發的內容，便可以免費獲得使用者生成內容（User Generated Content，以下簡稱 UGC），讓使用者來為你講品牌故事。

讓使用者為你生成內容，有一個先決條件：你一定要讓使用者從中有所收穫。

將 UGC 變成貨幣

人們對 UGC 的理解通常是宣傳內容，但我也看到有一個品牌將 UGC 提升到了一個更有意思的層次。

美國時尚品牌 Marc Jacobs（馬克雅克布）兩家快閃店開業的時候，只接受顧客分享的內容作為貨幣。假如顧客看中了任何包或衣服，只能使用自己在社群媒體分享的照片與推文作為交易貨

幣，不能以信用卡或透過支付平台購買。顧客只要生成內容，達到一定的數量，便能獲得自己看中的產品。顧客開心，店面也人氣十足。

品牌方在開業當天雖然沒有收到金錢，卻得到了千金難買的好口碑，真是一筆划算的買賣。

想一想⋯⋯

將 UGC 變成貨幣可如何應用於一個首飾品牌？

把使用者的曬圖變成網站首頁

購買是一個參與品牌活動的過程，很多品牌的忠實粉絲樂於參與品牌活動，甚至樂於協助塑造品牌。

在評論區或社群媒體上看見使用者曬圖，你可以將優選作品變成你的網站首頁或品牌宣傳材料。你也可以舉辦曬圖活動，邀請使用者參與，給予獎勵與榮譽，讓他們的作品公之於世。

你能點燃的熱情愈高，就會有愈多人參與。

請對方做點事情

成功的 UGC 案例常與「富蘭克林效應」相關。

富蘭克林有一次在議院發表演講，遭到另一位議員全面否定和當面批評。他想爭取這位議員同意議案，卻不知道該怎麼辦。後來，富蘭克林打聽到這位議員家裡有一套十分珍貴的書，於是他寫信給對方，婉轉提出借書的要求，沒想到對方竟然爽快地答應了。此後，雙方在議會廳見面，這位議員態度平和，表示以後隨時樂意為富蘭克林效勞。從此二人成為終生好友。

創造品牌價值，講品牌故事，要想想你的品牌有什麼需要別人幫忙的。

讓別人喜歡你的最佳辦法不是去幫他，而是請他來幫你。

- 新產品該起什麼名字好？你可以請使用者幫忙起名，一旦選中，要讓對方的大名廣為人知。
- 包裝不知道應該用黃色還是綠色？你可以邀請使用者發表意見，參與投票。
- 價格應該定為 7.9 元還是 8.8 元？看似愚蠢的問題，也能滿足對方自我強大的內心。

將使用者參與的結果變成品牌宣傳的內容，為對方提供獎勵。這樣，使用者在得到激勵的同時，也會默默成為你的品牌推廣大使。

假如你與客戶之間的交易超越了金錢與貨物，你能贏得的便是超越金錢的忠誠度。

應用 UGC 的時候，要永遠將使用者的「自我」放大。在使用者同意的前提下，將其照片、影片、話語署上名，放在顯眼的位置。如果舉行活動，也勿忘尊重對方，可以將活動命名為「You X 某活動」，永遠突出對方。

利他利己

利他利己是思想的利器，更是宣傳品牌的有力方式。

例如，一個行李箱包的品牌故事可以圍繞幫助人們瀟灑出遊展開，讓品牌賦予人們的不只是一個箱子，還有使人們忘掉現實生活的壓力，幻想自己走遍世界，玩得瀟灑。

這個品牌故事可以包括多方面的內容，例如：

- 專業攝影師教你旅行自拍祕笈。
- 帶你嘗嘗鮮為人知的羅馬美食。
- 你一定要去的世界最美 10 個小島。
- 教你精明買遍巴黎名牌。
- 提前學會太空漫遊須知。

又例如，家用電器品牌可以設立實體家宴廚房和飯廳，以直播或實拍方式，讓使用者在體面雅致的體驗中心做飯，幫助使用者與家人享受一頓難忘的家宴，形成品牌故事。兒童益智玩具品牌可以用音訊或與音樂推廣機構合作，教小朋友聆聽莫札特的音樂，與品牌主張契合，幫助孩子開發大腦潛能。相關的教材或活動及延伸的宣傳，都能成為品牌故事的好素材。

　　這樣幫助別人完成夢想的創意不勝枚舉，可以自由發揮，無限拓展。先為對方提供幫助，然後由對方幫你把故事講完，以達到理想的宣傳效果。好故事經常有這樣的魅力：你拋磚引玉，對方會幫你把故事好好講下去，結局往往讓人意想不到，滿是驚喜。

　　世界上有數不盡的品牌，講不完的品牌故事。這些精彩的故事，等待負責文案的你用心編寫。

想一想……

如果你在經營個人品牌，你可以幫助對方做些什麼事情？
你可以如何利他利己？

CHAPTER
07
你天生就是文案，
真的沒必要謙虛

爸爸媽媽：

關於養狗這件事，現在有個好消息。昨天，潤潤告訴我他們家下個月要移民加拿大了。他們不打算把毛球——他們家的黃金獵犬帶到國外，所以潤潤問我是否可以收養毛球。免費獲得一隻名貴的黃金獵犬，這真是一個天大的好消息！

有了毛球我可以利用遛狗的時間鍛煉身體，爸爸不是常常說我缺乏鍛煉嗎？我與毛球一起鍛煉，可以說是一舉兩得。帶著威風凜凜的毛球去遊樂場，小新他們肯定不敢欺負我了。如果爸爸下班太晚，家裡有了毛球，我和媽媽會覺得更安全。毛球很壯，可以幫我們看家，牠的叫聲很響，一定可以趕走小偷的。

狗是人類最忠實的朋友，我希望爸爸媽媽再考慮一下養狗這件事。而且這次能夠免費獲得一隻名貴的黃金獵犬，真是一個千載難逢的好機會。我打算努力積攢零用錢，用來買狗飼料，這樣我就能學會把錢用在有意義的地方。爸爸媽媽請放心，我會在學習上加倍用功，把試考好的。

我特意給你們寫這封信，希望你們能同意。

兒子上

「假如你想說服我，你必須想我所想，覺我所覺，言我所言。」
　　　　　　　　　　　　　　　　——瑪律庫斯・圖利烏斯・西塞羅

每個人心中都有一個夢，這個男孩的夢想是養一隻黃金獵犬。他說盡好話，希望透過自己在信中列出的各種理由說服父母：遛狗鍛煉身體，帶著大狗就不會被小朋友欺負，狗能看家，能趕走小偷，買狗飼料可以學理財。這一切的好處全都可以免費獲得。小男孩像是推銷員，「說服」他的父母，透過「說服」來達到他的目的。

什麼是文案？

　　對於正在從事文案工作或有興趣成為文案的朋友，不知道你認為上面的這封信與文案的工作有什麼關係？事實上，文案所做的事與小男孩做的事本質相同，都是在遊說別人。我們以文案推銷商品，是要說服別人購買；在公眾號裡寫一篇行銷案例分析文章，是希望說服讀者此行銷案例值得關注；寫海報文案告知消費者品牌活動，是期望透過邀請對方參與體驗，說服人們該品牌值得信賴。

有一類文體叫勸說文（persuasive writing）。勸說文是由作者提出觀點或主張，希望對方接受後採取行動，例如：

- 超人牌洋芋片超級脆，你也來一包！
- 選狗狗最愛的大地牌狗飼料，才是真正愛狗狗！
- 花語牌護髮系列萃取天然植物滋養，頭髮自然柔順！
- 本店人氣第一，你怎能不試！

文案是說服，寫文案的是說客。

我們的生活中充滿這類勸說文字，推廣個人品牌或商品的廣告文案是其中的代表。影評、書評、樂評、競選演講、產品發布演講、宗教布道等也屬於勸說文。

如果你天生不會遊說，請勿當文案

寫文案不是成年人獨有的本領，人類天生便是說客。從嬰兒開始，我們就擁有非凡的遊說能力。每個嬰兒都懂得肚子餓了要哇哇大哭，當寶寶的哭聲從臥室傳到廚房裡，正在幹活的媽媽會馬上放下手中的事情，快步來到嬰兒身邊，給寶寶餵奶。這件日常小事，其中大有文章：

- 嬰兒發出的哭聲是訊息，作用是「吸引」。
- 聲音從臥室經過客廳傳到廚房，過程是「傳播」。
- 媽媽放下手中的事情，馬上跑去給寶寶餵奶，是被寶寶的哭聲「說服」。

生活小事往往帶給我們深刻的啟發。嬰兒的哭聲同時說明了文案工作的三個層面：第一是吸引層，第二是傳播層，第三是說服層。

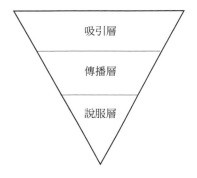

你的哭聲，就是你向全球發布的第一篇文案。

吸引層

吸引層是文案的頂層結構。具有吸引力的文案才能有效傳播，最終說服人們。寶寶的哭聲能說服媽媽，原因是媽媽認識自己寶寶的哭聲，同時哭聲滿足媽媽內心的渴求，能讓她知道在臥室熟睡的寶寶的狀態，並及時做出反應。從嬰兒的角度看，如果媽媽沒有反應，他會以更響亮的聲音向媽媽發出訊息，務求對方採取行動。我們可以觀察到，如果要在吸引層做得卓有成效，有三個基本的要求：

- 訊息必須能讓對方聽懂。
- 訊息必須滿足對方的需求。
- 訊息需要根據客觀的情況進行調整。

寫別人能看懂的文案是最低要求，做到滿足對方是更高層次，根據客觀的情況進行調整是隨時隨地必須要做的事情。這三點都屬於吸引層這第一關，也是最關鍵的一關。

不吸引人的文案，免談。

從前我們更專心

在以電視與紙媒為主的年代，資訊量沒有那麼多，我們的注意力沒有那麼分散，吸引對方注意相對容易。過去，資訊以下圖所示路徑進行傳播：

資訊 → 媒體 → 人

資訊經過媒體傳達到人，這條路是單向的。文案生產訊息，客戶付錢給媒體進行傳播。人們打開電視機，看見廣告，接收訊息，一部分人在不知不覺中便被說服。媒體就像一輛車，甲方將訊息裝上車後，車會開到人們所在的地方，將訊息送到人們的眼前。

由於接收的資訊量較少，過去很多人能背誦廣告語，唱廣告歌，聽到一段旋律便會跟著哼唱，並不由自主想起某個品牌，一些廣告旁白甚至成為家喻戶曉的口頭禪。

時光一去永不回，專一已成過去。

單向傳播加上訊息不多，那時文案的工作相對今天輕鬆得多。

吸引人難，被人吸引更難

今天，資訊傳遞的單向路徑已經不復存在，資訊是在雙軌道上來來往往，借助媒體與人們進行溝通。資訊量的激增，令文案必須比過去更吸引人。因為在一年之間，全球產生的資訊量比過去 5000 年來人類產生的資訊總量還要多，換句話說，人類以 365 天的資訊量擊敗了 5000 年來 182 萬多天的資訊總和。而且，資訊量每年仍以驚人的速度增長，絕對不會停下來。

資訊量不斷增加，然而，人生依舊苦短。每天我們還是只有 24 小時，每小時仍然是 60 分鐘，每分鐘也只是那 60 秒。不斷遞增的海量資訊意味著人們分給每條資訊的時間愈來愈短，看不完只好看個大概，看文章只看標題不看內容，聽歌只聽四五秒馬上轉聽下一首。我們常常說要搶眼球，便是源於資訊量與注意力失衡。我們只會注意那些有吸引力的資訊，不吸引人的只能枉然存在，瞬間被淹沒。

世界上沒有任何人的注意力能趕得上不斷誕生的資訊。注意力成了稀缺資源。這種資源珍貴如金，是平台與媒體的「硬通貨」。經濟學家提出，今天的市場不僅是商品市場、資訊市場，更是一個「注意力」市場。

導致注意力匱乏的重要原因是資訊的雙向運行。今天的資

訊通過網路平台傳遞給人們，同時人們將資訊回饋回去。我們在淘寶和大眾點評上看到的使用者評價很好地說明了資訊的互通，使用者評價是公開給所有買家看的。如果我們再看看在微信朋友圈、微博裡看到的人們對產品、服務的評論，就會明白資訊不再是賣家的一廂情願，而是在雙向運行。

資訊⇆媒體／平台⇆人

- 資訊、媒體與人的溝通是雙向進行的。
- 資訊雙向運行自然稀釋其力度。
- 使用者的感受比子虛烏有的創作更為可信，沒有一位文案能寫過一條買家的差評。
- 商業文案的工作不應限於廣告推廣，而應該更廣泛，例如如何加強使用者體驗、構思品牌或新產品活動、善用使用者評價作為宣傳材料。一切能進行勸說的想法和文字都應該包括在內。
- 要想與資訊被淹沒抗衡，文案唯有讓自己的思維更敏銳，手中的筆更鋒利。

注意這件事，很難被注意。

傳播層
. . . .
我們在寶寶哭鬧的例子中說到，聲音從臥室傳到廚房讓媽媽聽到就是傳播。我們可以理解傳播是從甲地到乙地，中間借助媒體完成。

許多人認為相對過往的電視與紙媒，今天的傳播方式發生了翻天覆地的變化。我認為只要掌握好媒體的兩大要義，在傳播層便能以不變應萬變。

媒體即手機，手機即生活
什麼是媒體？用一句話概括，媒體就是人們獲取資訊的地方。

看淘寶的產品介紹、網劇和插播廣告、快手、抖音、朋友圈，現代人絕大部分的資訊皆從手機而來。

在路上看到的看板廣告，高鐵車廂中的螢幕影片……在行走中，媒體無處不在。

但是，看板廣告、高鐵上的螢幕沒有手機那麼有吸引力，是由於手機裡有我們的家人和朋友的資訊，有我們迫切想知道的一切：昨天下單的快遞什麼時候到？媽媽今天去醫院的檢查結果如何，瘤是良性的還是惡性的？老闆對 PPT 有什麼回饋，滿不滿意？男朋友的面試是否順利，他的感冒好了沒有？一切資訊，生活中的所有，整個世界都在手機中。與個人相關的資訊和你寫的文案同時出現，相互纏繞，千絲萬縷揉成一團。

文案從來離不開生活，今天更需要在生活中當一個觀察家，宏觀看大局，微觀察細節。

文案就在生活中，人人也在生活中，看得見看不見就看你了。

媒體即終端，終端是大腦

不管是一條電視廣告、一段 H5 影片、一段產品展示、一個產品命名，還是電視劇的置入廣告、公眾號文章、小紅書，我們獲得的一切資訊最終都將傳到我們的大腦之中。我在其他的章節已經提到，所有傳播的終極媒體只有一個，那就是我們的大腦。

不管是線上還是線下，現在還是未來，每一句文案，每一條訊息，都將透過不同的介面傳達到我們的大腦中。

科技日新月異，今天是手機為王，未來可能是普及的傳感技術、虛擬實境，它們都終以人的大腦為終點。

瞭解別人怎樣想，做到西塞羅所說的想他所想、覺他所覺、言他所言，是文案工作的精華所在，也是其中最具趣味的地方。

成為對方，才能更好地成為自己，成功與對方溝通。

說服層
．．．．．．．．．

瞭解對方才能說服。2300 多年前，希臘哲學家亞里斯多德便提出了對說服的獨到見解。這位大哲學家告訴我們說服有三大元素：可信、情感和理性。

可信

信用是說服的前提。希望自己的話被別人接受，你需要具備可信度。

可信來自本性。一個愛說謊言、弄虛作假的人不可信，人們會選擇相信那些誠實憨厚、言而有信的人。

可信基於言行。你的行為塑造你的可信度，個人品牌、電商小店、國際名牌也是如此。

人們不會輕易相信陌生人。建立信用需要較長時間，但也可能在幾秒鐘內毀於一旦。信用是通過持續不斷的行為建立的，任何時候都不能鬆懈。

信用是由一個人的本性，加上他的行為，日積月累建立的。

> 信用＝本性＋行為＋時間

情感

亞里斯多德認為說服不能單靠邏輯和理性，而是需要透過情感來說服。

作為說服手段，情感既簡單易懂又充分飽滿。情感有歡樂、憂傷、恐懼、失望……在喜愛、歡樂和希望中品味愉悅，在恐懼與悲傷中感受痛苦，每一種情感好像都獨立存在，又相互交織，令人百感交集。

有效的文案可以成功觸動人們的情感，以喜怒哀樂各種情感牽動人們的心弦。

檢查文案是否有效，最簡單的方法莫過於看看標題與內文是否觸動對方的情感。

> 文案要經得起情感的考驗。

理性

理性是指以測試、資料、示範等方法為觀點提出佐證，用以說服。例如，實驗證明：天天用牙線 3 次，可以減少蛀牙傷害 15%；吃巧克力的人比其他人快樂 72%，我們每天都要吃一點。

理性說服在我們的生活中比比皆是，也是文案常用到的手段。

> 講理的文案永遠占理。

可信、情感和理性高度概括了說服的三個關鍵要素。出色的演說家、時事評論員、保險經紀人、企業管理者，甚至淘寶店家、廣告文案，想養一隻黃金獵犬的小男孩，都逃不出亞里斯多德的思想框架。我在其他章節建議的一切方法，也全被這位智者的三要素囊括其中。

　　文案是說服，說服有三要素，此乃文案的本質。明白了本質，得到了方法，加上刻意練習，寫好文案，順理成章。

CHAPTER
08
天靈靈、地靈靈，
看完靈感即降臨

靈感是傳說中的女神繆斯嗎？繆斯是誰？她到底在哪裡？

繆斯是希臘神話中主司藝術與科學的 9 位文藝女神的總稱。

但丁在《神曲・地獄篇》中寫道：
「啊！詩神繆斯啊！或者崇高的才華啊！請來幫助我吧；
要麼則是我的腦海啊！請寫下我目睹的一切。」

但丁說如果繆斯不來，他要祈求腦海為他記錄所目睹的一切。
什麼是目睹的一切？
但丁目睹的一切是但丁的個人經歷，你目睹的一切便是你個人的經歷。

「你想像到的一切都是真實的」
　　　　　　　　————畢卡索

我們在工作中有時會感到文思匱乏，怎麼寫都寫不出來。工作不順利有許多原因，很多人歸咎於沒有靈感。靈感真的是文案的創作源泉嗎？靈感到底是什麼？

你知道嗎？你所經歷的一切就是你的靈感來源。我認為文案的想法或靈感不是由虛無縹緲的繆斯女神賜予的，而是從一個人的經歷而來。我們所擁有的知識與概念都是由我們察覺的外部事物在頭腦中形成不同的感覺，然後經由內心的活動，促使我們進行反思而來的。

我記得有這樣一段話：「你的樣子裡，有你走過的路，讀過的書，看過的風景。」你的人生軌跡不僅將寫在你的臉上，更會成為你的知識，你的看法，你的想像，成為你寫下的文案。

沒有經歷，就沒有文案。

想一想……

你常常缺乏靈感嗎？靈感到底是什麼？

文案要有一顆八卦的心

文案在下筆前一定要清楚自己要「寫什麼」。一旦清楚要解的是什麼題，大腦便會自動調動過往的經歷，那些你曾經看過的、聽過的、思考過的都會在腦子中待命。題目來了，腦子就會在倉庫中檢索。在緊張與放鬆相互交替的狀態下，構思與文字會不請自來。這種理想的狀態源自文案豐富的經歷。經歷不用是遍遊名山大川，到訪世界各地，而是可以來自一顆「八卦」的心。

怎樣獲得豐富的靈感

將別人的話變成你的子彈
....

文案需要八卦，需要留心聆聽別人說話。文案的工作是溝通，溝通必須掌握好對方的語言。不同的人群有不同的詞彙，這些詞彙看似平常，但掌握好了卻可以成為寫文案時的思考角度，甚至可以直接使用。例如，職場男的常用詞彙包括：KPI、上司、祕書、客戶、業績、加班、升職加薪、績效壓力、同事、報銷……學生的常用詞彙包括：教室、室友、小情緒、哈哈哈哈哈、帶飯、老師、班會、學霸、喜歡誰、競賽、無聊……妻子的常用詞彙包括：優惠、追劇、兒子、老公、減肥、廚房、生活、團購、好看、收拾……

不同人群的常用詞彙可以從日常生活裡獲得，也可以從社群媒體、電視劇、歌詞中輕易獲取。例如，一款男士護膚用品的文案可以直接使用職場男常用的詞彙—— KPI：

某某牌護膚品，躍升顏值 KPI

將常用詞 KPI 用於描述產品功效，簡單直接。我們只需對特定人群的常用詞有足夠的儲備，需要使用的時候便可信手拈來。

又例如，一款給學生的小零食的文案可以使用學生的常用詞彙——小情緒。

　　某某小零食，征服小情緒

　　小情緒可以作為這款零食的宣傳主線。我們不妨深入挖掘學生的各種小情緒，創造推廣內容，以動漫、歌曲、插畫形式表達，製造話題，邀請學生參與進來。

　　收集詞彙也是收集創意養分，是我們日常要做的功課。八卦別人的話，成為你的子彈，子彈愈多，戰鬥力愈強。

今天多聽，明天就能多寫。

想一想……

上司、同鄉的常用詞彙是什麼？

找找看，你對什麼詞彙最有感覺

　　除了八卦不同人群的日常詞彙，我們還可以將自己覺得「有感覺」的詞彙按人群分組，看看給誰最有感覺。

　　「有感覺」的詞彙人人不同。許多人喜歡陳奕迅的歌曲《十年》，這首歌對三十歲以上的人特別有觸動。三四十歲的人都開始感歎光陰似箭，對他們來說，十年是個有分量的詞。

　　「十年」這個詞是一個帶有年齡性質的詞，可以作為三十多歲中年男士服飾的文案切入點，也適用於汽車類、酒類、保險類的文案。我們可以將「十年」進一步推想為：

- 人生有幾個十年
- 十年以後
- 十年之前

- 十年前的你，十年前的我，十年前的他
- 十年前的那句話
- 十年前的那場雨
- 十年前的那個人

　　例如，以「十年前的那句話」作為文案起點，演繹出汽車品牌的影片故事腳本；由「人生有幾個十年」展開一瓶酒的故事。

　　我們可以將詞與人群對應分類，也可以自由聯想。例如，將「十年」這個詞與一隻剛出生的小狗、一位遠行的遊子，甚至一把椅子聯繫起來，同樣很有意思。自我八卦，尋找自己有感覺的詞，你所獲得的將是你獨有的。

　　每個人對詞彙的感覺不一樣。我覺得有感覺的詞彙包括：

- 風
- 袖子
- 不期然
- 哪裡
- 死亡
- 孤獨

用好你的感覺，你的文案便有感覺。

　　你認為「有感覺」的詞彙是什麼？收藏各種「有感覺」的詞彙，進行聯想，衍生概念，日積月累，你便能輕鬆獲得豐厚的收穫。

不錯過身邊的每一行字

　　生活中寫滿了字。路過寫著「杭州包子」的小吃店，一位文案會自言自語：蘇堤小吃、蘇小小包子、蘇大大包子、杭州包大人、西施包子、包你好吃、包裡香……路過一家健身房，看見店裡的玻璃窗，可以寫下「天天健身更健康」；玻璃窗內是剛下班踏上跑步機的各色男女，不妨隨手寫下：「比你忙的人都在健身，

你呢？」汽車戶外廣告寫著「激情個性」，有點不明所以，文案的腦子不停在轉：改成「開出個性」？「個性」到底對不對，為什麼要講「個性」？把個性講出來說明自己沒個性……對身邊的文案進行質疑，推敲，像做遊戲一樣有趣。

　　文案要八卦身邊的每一行字。關注你生活中的文字，隨時看，不停練，輕輕鬆鬆培養手感。還可以改寫路邊的看板、商鋪的名稱、街道的名字、各色海報，從中尋找樂趣。寫得好不好不重要，去寫去練最重要。

這樣練，不好也好；不這樣練，好也不會太好。

想一想……

你每天上班的路上看見了什麼字，你可以如何改寫？

八卦，從身邊的人開始

　　沒有觀察，就沒有洞察。在超市裡我喜歡看大媽們買東西，看她們怎樣一邊挑荔枝，一邊在塑膠袋裡把挑好的荔枝的乾枝折斷並握在手中，然後趁人不備利索地把手從塑膠袋裡抽出，將乾枝扔掉，以減輕斤兩。我喜歡看隔壁桌喝咖啡的女生交流，聽她們聊美甲、談網購心得。

　　觀察人可以學會消費行為，更讓我明白，於我之外存在著跟我性情迥異的人。瞭解人很重要，因為文案是寫給人看的。我們寫任何文案都需要想到目標消費群體：到底誰會買，我們需要說服誰？然而，「消費群體」是群體，群體千篇一律，難以引發想像力。如果我們能將「群體」變成「個人」，構思與動筆的時候想像一位活生生的人坐在你的面前，你與對方是在一對一談話，那麼我們會得到更深刻的感受。

　　東東槍的書提到一件我本來忘卻的事兒。他說到有一次他寫文案，需要翻譯一個標題。他的原話是這樣說的：

第一次意識到 idea 也需要「升維」這件事，是我剛剛做了幾個月文案的時候，那時候在做一個汽車的廣告，一位當時公司裡的美國創意總監做了一張平面稿，畫面上是一輛汽車停在一面大鏡子前頭，鏡子裡頭也是這輛車。文案寫的是「Meet your alter-ego」。Alter-ego 如果直譯過來，是「另一個自我」、「知己」、「至交」的意思。我的任務是寫一句這個文案的中文版，我就照著這句英文寫了挺長時間，幾十個版本吧至少，「遇見新我」、「遇見自己」、「恰逢知己」……

　　帶我做這個專案的是非常著名的文案前輩，她看了覺得不滿意，說應該還可以更好。我就接著寫，「恰逢知己」不好，那麼「正逢知己」呢？「巧逢知己」呢？或者想遠一點，「原來你也在這裡」呢？「你是你，也是我」呢？「你比我懂我」呢？「世界上的另一個我」呢？

　　我寫得很認真，甚至是竭盡全力地試著用不同的語氣、不同的風格來說這個「Meet your alter-ego」。我自己覺著「恰逢知己」就不錯了，已經把意思說出來了，但當時我的主管說：「別急，咱們再看看。」

　　然後她就在我桌旁坐下來，盯著那個畫面和我寫的那些備選的標題，也不說話。瞧了一會兒，她突然說：「哎，東東槍，你看，這句話寫『何妨自戀？』好不好？」

　　那個瞬間，是我做文案的初始階段裡很重要的一個瞬間，那個瞬間我的感覺是我之前熬夜都白熬了，我根本就沒入門呢，不知道這個活兒該怎麼使勁。

　　我八卦，我喜歡看人。我在奧美上班的時候午飯時間常到附近的麗晶酒店游泳，曾經好幾次碰到一位鮮衣亮衫的成功男士，身上全是名牌。我發現這人有一個特殊的愛好：照鏡子。這位男士喜歡從裝潢華麗的電梯鏡中不經意或故意側身看自己，可能他自覺長得英俊，也許他認為自己很成功。

　　誰會買 Infiniti 廣告中的那款車？那輛車的目標消費群體就包

括那位愛照鏡子的男士──高收入、願意花錢、注重身分。東東槍手上的平面稿呈現的是一輛 Acura 停在一面大鏡子前，鏡中所照是鏡外的 Acura。廣告裡的「鏡中車」與我在電梯裡遇見的「鏡中人」不期而遇，兩者產生了一種難以解釋的偶合。如此難得的不期而遇，讓我有幸遇上了。

那一刻我靜下來看著廣告中的這輛車，電梯中那位男士「自戀」的樣子躍然紙上。「何妨自戀」這四個字自己跑了出來，我根本沒有動筆。

如果沒有這個人，假如我沒有碰上他，如果我不「八卦」，很難無中生有。

「八卦」對寫文案的好處數之不盡，以上為真實例子之一。

少見多怪不可取，見怪不怪不可行；多見多怪，文案自然來。

想一想……

今天你遇到了誰？他有什麼值得你八卦的？

八卦社會上的事

八卦不是關注明星緋聞、偶像消息或別人的私生活。我們要花時間去八卦優質資訊。優質資訊的威力之大，甚至能使創意和文案「不勞而獲」。

前幾年，迪奧推出了一件售價 710 美元的白色 T 恤，這件白色 T 恤的裁剪沒什麼特別之處，只是上面印了這句話：

We should all be feminists.（我們都應該成為女性主義者。）

這句話宣導積極向上、勇敢的女性主義精神。女性主義是西方的熱詞，近幾年盛行的 # Me Too（我也是）女性反性騷擾運動即為其流變。

後來我看 Ted 演講，發現這句話是一位奈及利亞籍女作家奇瑪曼達‧恩格茲‧阿迪契（Chimamanda Ngozi Adichie）的演講標題，演講的內容是讚美女性的果敢與堅毅，同時鼓勵全世界的男士向積極向上的女性看齊。

迪奧的首席設計師瑪麗亞（Maria Grazia Chiuri）是一名女性。我猜測是她看到這場演講，或是讀過這位女作家以相同標題寫的文章而產生共鳴，徵得作家同意後把這句話變成了文案。

迪奧因八卦而發現，因發現而輕鬆獲得想法，漂漂亮亮完成工作。此後，迪奧以女性主義為核心，辦時裝表演，策劃香水廣告宣傳，推出女性主義時裝系列。從優質資訊中洞悉社會風潮，根據社會風潮策劃品牌推廣和產品設計。

八卦，讓迪奧獲得了一句極具力量的文案，同時建立了品牌價值觀。當消費者購買迪奧的女性主義 T 恤時，她們獲得的是一種超越物質的身分。穿上寫有「我們都應該成為女性主義者」的衣服，寓意著你擁有先鋒思潮，個性獨立，認同甚至提倡女性主義。你是一名有理想、有追求、有思想的女性。花 710 美元購買一件 T 恤顯得有點昂貴，可是如果 710 美元能讓一個人看起來有思想、有理想、有追求，幾百美元就十分值了。

家事國事天下事，事事八卦。

從新聞中八卦社會風潮，從社群平台中八卦流行資訊。繆斯，從八卦而來。

吃就吃有營養的
‧‧‧‧‧‧‧‧‧‧‧‧‧‧‧‧‧‧‧‧‧

西方有一句話叫「吃什麼，你就會成為什麼」（You are what you eat）。同樣，看什麼你便成為什麼，聽什麼你就會經歷什麼。沒有人希望自己吃垃圾變為垃圾，所以我們要把注意力放在好東西上，不要把寶貴的光陰白白浪費在垃圾中。

文案的工作需要補充多種營養，要看好的電影、好的設計，多去觀賞藝術展、畫展、話劇，吸收跨領域的知識。有好的養分，你便可以更輕易地將經歷轉化為概念，應用在你寫下的每一句文案之中。

你可以這樣做：

- 創建「好東西」資料夾，在裡面放好的設計與照片、出色的演講、有見地的文章、有趣的事物。
- 準備一個「好東西」本子，隨時記錄有趣的對話和文字，補充新詞彙，不斷豐富自己的儲備。
- 將自己認為「有感覺」的詞彙記下來，接著將這些詞彙分給不同的人和不同的事物，想想這些詞該給誰，與什麼東西結合最有意思。
- 讀完一本書，寫個簡短的讀書心得；看完一部電影，記錄自己的感受。有時間多寫，忙的話寫幾行字也可以。
- 你記錄的點點滴滴將會成為你個人的寶貴資產，你的繆斯女神，更是讓你工作順利、表現優秀的利器。

想當垃圾吃垃圾，想當辣椒吃辣椒，想當什麼自己要想好吃什麼。

安靜在路上

安靜下來觀察生活是讓靈感常在最便捷的方法，人人都可以做到。自己一個人出門，一個人坐車，一個人步行，帶著一顆八卦的心在路上靜心觀察，觀察到的一切將存於你的腦海中，成為你的靈感。

人只有在獨處的時候，才可以安靜下來聆聽自己的感受，將感受沉澱。例如，現在我寫到這裡，思維在我經歷過的時光漫步，聽到窗外的風聲，過去常在海邊聽到的浪濤聲傳到耳邊，我的內心浮現出這些心語：

風如浪，浪如風
浪如春日風
春風的意外
小樹林傳出一片浪濤聲
小樹在打呼，浪花說夢話
海邊是個白樺林

熱鬧的文案，也從孤寂而來。

鳥兒在浪尖歌唱

　　這段獨一無二的感受，是我安靜下來，讓過去的經歷浮現，也就是繆斯降臨的明證。我們可能沒有想到，原來感受如此豐富，而這一切，都來自我們見過、聽過、遭受過的事。只是心中的躁動與外界的雜音干擾了靈感的到來，讓我們沒有意識到風聲原來是浪濤。風聲如浪是想像嗎？應該不是想像，正如畢卡索說的：「想像到的一切都是真實的。」要把想像變成現實，源於我們每一天怎樣過，有沒有一顆八卦的心。

想一想……

_____

在你眼前的 10 公尺範圍內，你感受到了什麼？馬上寫下來。

　　寫文案難不難，取決於你是否願意豐富自己的經歷。你愈八卦，愈善於觀察，你的經歷會愈豐富，大腦的藏金閣便會儲備更多的金子。金子愈多，靈感愈充沛，寫文案就不會難。

CHAPTER
09

傳說中的心語，
真沒多少人知道

我們的身邊有一些人話比較多，喜歡跟別人聊；有的人不愛說，選擇把話留給
自己。許多出色的作家是後者，他們比較寡言，愛自己跟自己聊天。

例如，契訶夫留下了無數他與自己聊天的精彩內容，在其作品中俯拾皆是：

「我答應會成為一位優秀的丈夫，可是我要的是一位像月亮一般的妻子，
不會在我的天空天天出現。」

當別人問「你為什麼老穿黑色衣服」時，
他回答說：「我正為我的人生哀悼。」

我們熟悉的李白用世間最精練的語言與自己聊到得意忘形、如醉如癡，
寫下流傳千古的個人聊天記錄：

「問余何意棲碧山，笑而不答心自閒。」
「棄我去者，昨日之日不可留；亂我心者，今日之日多煩憂。」
「人生在世不稱意，明朝散髮弄扁舟。」

「只有少數人用自己的眼睛去看，用心去感受。」
　　　　　　　　　　　　　　　　　　──愛因斯坦

於我來說，寫文案一點不困難，有時甚至覺得是享受。讀史蒂芬・平克的《語言本能：人類語言進化的奧祕》，我才意識到原來「心語」一直在幫助我，讓我在工作中沒有負擔。什麼是心語？如何獲得心語，讓工作更輕鬆？這一章讓我們一起聆聽心中的語言。

文案即聊天，聊天人人會

無論是自己跟自己聊，還是找人聊，聊天即溝通。溝通是文案的工作本質，也是人類生存的基本需要。人是群體動物，不能不與人溝通。無數人每天花好幾個小時在社群媒體上與人聊天，可見溝通的必要。

人類天性愛溝通。兩個人在一起自然而然會聊起來，天南海北拉家常。如果身邊沒有人，人們便自己跟自己找話說。長途汽車司機經常孤身一人在駕駛座上嘟嘟囔囔，養魚的人隔著魚缸玻

璃與水中的游魚說話，牧民獨自在無盡的草原上也愛喃喃自語，跟自己聊上半天。

為什麼我們能張嘴就來

我常常納悶為什麼人會說話。許多人以為語言純粹是人類文明的產物，比如中國人說漢語是基於源遠流長的五千年文明史，法國人用法語交流是法蘭西文化的產物。透過閱讀，我獲得了更有意思的認識：語言，是人類的本能。

你現在看到的這些方塊字，你理解每個詞的詞義、每一句子的所指，是源於人生下來便能發出清晰可辨的聲音，人類天生具備精密複雜的語言能力。這種能力，是人類為適應溝通需要而產生的，地球上任何語種無不如此。

既然使用語言是人類的本能，溝通也是我們天生擅長的，那麼以語言進行溝通的文案工作，便是利用我們天性之所長。因此，寫文案是本能，應該不難，也不應該難。

你的「腦庫」是你的寶庫

除了用聲音表達觀念，我們還能以文字將大腦中的觀念傳達給他人。文字是觀念的符號，而觀念則來自我們的經驗。

每一天我們透過各種感觀接觸到的事物，是以一組組排列整齊的符號儲存於我們的大腦。我們的大腦就像個倉庫，這個倉庫可稱為「腦庫」。

「腦庫」裡保存著我們從出生到現在所接觸到的、保留下來的一切經驗：兒時的小玩偶、上學路過的街角、媽媽的餅乾罐、棉衣上的扣子、幼稚園的欄杆、同學臉上的一顆痣……你現在透過閱讀這段文字接收到的資訊，聽到的手機鈴聲，看到的桌上的擺設，都會保存在你的「腦庫」當中。

假如我們聽聞一位十多年沒見的小學同學近況，腦海中會突然浮現對方以前在教室的座位、他的小臉龐和調皮搗蛋的往事。這是由於我們的「腦庫」儲存了這個人的資訊，保留了與他相關的片段。當我們聽說這位同學的近況時，大腦裡的處理器會調取腦庫中的相關資訊，讓過往的片段浮現在眼前，令當年的一切彷彿歷歷在目。

　　與腦庫互動的這個大腦處理器，配備了固定數量的反射器裝置，有人將其比喻為大腦的 CPU。這個 CPU 負責處理資訊，主要任務是思考。CPU 與腦庫自主運作，又相互配合，讓我們可以進行各種智慧活動。

　　大腦的 CPU 連接著密集的神經纖維，能用極快的速度傳遞我們接收到的海量資訊，而當這些資訊與腦庫的資訊相互配合運作時，我們就會形成「內心語言」，簡稱心語。然後我們會透過自己掌握的外在的語言來表達內心所想，中國人用漢語，西班牙人用西班牙語，波士尼亞人用塞爾維亞語，等等。

　　當我們想向他人說出自己的想法時，由於對方的注意力難以長時間保持集中，客觀上我們又不可能說得太快，為了在合理的時間範圍內說出心裡的話，我們只能將其中一部分資訊轉換成外在語言，說給對方，而其他在我們心裡沒有說出來的話，只能靠聽者自行想像。

　　因此，很多時候我們會覺得自己沒有把心裡的話好好表達出來。有些時候，我們還會責怪對方不能理解我們心裡所想的。

　　出現這種誤會，往往是由於在我們還沒有張嘴或動筆、打鍵盤用語言表達出來之前，「心語」就已經浮現，而以文字或聲音進行溝通的外在語言卻沒有跟上心語。當兩者之間出現落差，便會產生誤會。

　　將內心的思維語言——「心語」成功翻譯為外在語言，是無數偉大的文學家、詩人所擅長的。例如：

登鸛雀樓

王之渙

白日依山盡，
黃河入海流。
欲窮千里目，
更上一層樓。

　　這是一首心語傑作。讀這首詩的時候，我彷彿聽到詩人王之渙的心語。橙色半圓的太陽依在綠灰帶紫的橫形山脈，由於逆光，遠山出現了這種特殊的色彩。詩人在心中看到一道橫向的群山架著半圓的落日，便寫下「白日依山盡」。

　　黃河從遠方的地平線奔流而來，前方的畫面很寬闊，兩邊是黃土高原。黃河經過詩人的眼前，往他的身後奔去，折向大海。詩人心中看見了夕陽映照黃河，金黃色的河流奔向藍綠色的滄海，提筆寫下「黃河入海流」。

　　第三句與第四句是抽象的意念。畫面從前兩句地平線的橫平突然轉為上下維度。由於黃河在詩人的身後奔騰，如果想看得更遠，唯有於鸛雀樓中再上層樓，大自然之恢宏壯麗，方可盡收眼底。

　　生於 1300 多年前的唐代才子王之渙就這樣穿越時空向我講述，在這區區 20 個漢字的背後，詩人教我看到他內心的意象，參悟他的心語。這不僅是閱讀帶來的樂趣，更是提升文案水準的有

效訓練。

心語常以「視覺」形式出現。愛因斯坦是善用心語的思考家。他曾經說過心裡看見自己騎在光束上回頭望時鐘，還有在下降的電梯裡丟下一枚硬幣。他說：「我很少用文字來想，我是心中先有了意象，之後才會用文字表達我心中所言。」

愛因斯坦說的意象便是心語。他的這番話，讓我們明白：無論是科學研究、文學創作還是商業文案，同樣需要我們善用內心的語言。

心語是隱藏的，等待你去發現。

想一想……

你聽過自己帶畫面的心語嗎？你的心語跟妳說了什麼？

如何獲得心語？

心語怕吵

獲得心語的首要條件是安靜，你要讓自己安靜下來。

大部分人都在開放式辦公室上班。在開放空間工作的一大弊端是干擾太多，一旦不安靜，我們就無法聆聽心語。

應對這種情況的一個簡單又方便的方法是利用靜音耳機，隔絕人聲與其他噪音。沒有聲音的干擾，耳朵不分心，才可以集中精神。

心語不怕早

要營造一方寧靜的天地，不一定非要找到安靜的角落。我們可以用時間換空間，善用非高峰時段記錄心語。

辦公室一般早上 9 點多坐滿人，你不妨清早 7:45 到公司，花 15 分鐘預備一切，在寧靜的環境下開始新的一天。將你要做的工作拿出來，利用早上一個多小時的非高峰時段安靜記錄心語。

如果早上能靜下來，花一小時記錄心語，收穫應該不錯。請把這些思維語言收集起來放進夾子。

假如工作的截止時間為明天，午飯時趁辦公室人少安靜，請把夾子裡的思維語言拿出來，繼續添加。到了下午，你就可以整理收藏，開始動筆。你會發現，收集心語，能讓文案自然流露，無須太費力氣。

心語是一個人的事

心語需要安靜，它要告訴你很多話。如果你安靜不了，心語便無話可說。

心語是自己與自己聊天，不需要別人參與。請你關掉電腦桌面上的聊天工具，同時將手機放進抽屜。請勿看微信，不要上淘寶、查快遞。

用大紙寫大字

將需要寫的文案題目放在眼前。拿出大張的紙，把你腦中的思維語言一一寫下來。

請不要用小紙條或小本子，要用大張的紙。我的習慣是使用大張的黃色橫線紙。你可以按你的喜好來，白的黃的都可以，有線無線均可。使用大尺寸的紙張是對寫下來的思維心語珍之重之，方便自己檢閱，讓一切清晰。

使用什麼筆都可以，字跡清晰易讀即可。想到什麼就寫什麼，清楚肯定地寫下來。

不否定

不要判斷好壞高低，不用考慮是非對錯，也不用想客戶會不會接受，又或者上司喜歡不喜歡。

如果浮現出的想法是圖像，請把圖像畫下來，也可以用文字將圖像描述下來。

假如是截然不同的心語，請用另一張紙記錄。

在這個過程中請儘量不要使用電腦，用電腦常會不經意間使用刪除鍵。心語不需要刪除，不需要修改，只需要記錄。

不跟心語接上頭，話題少不了

如果大家沒有認識到心語的重要性，工作中很容易產生以下困惑：

- 想了許多，又忘掉了很多。
- 想法零零碎碎，沒有頭緒。
- 覺得自己已經想好了，可是對自己想到了什麼根本不清楚。

我們常常以為自己想好了，可是當要參與討論或需要提交工作成果的時候才發現原來自己的想法並不清晰。覺得自己想好了，與自己真正想好了是有一段距離的。解決的辦法是將心語馬上寫下來或者畫下來，即時記錄，然後對心語進行審視，這樣你才能判斷自己有沒有想好，是否可以繼續下一步工作。

馬上記錄還可以避免忘掉。心語經常一閃而過，如果沒有及時抓住，很可能一去不復返，怎麼找也找不回來。所以，記錄是唯一的辦法。至於想法零碎，這個不是大問題。心語經常以碎片方式出現，將碎片記下來，然後看看是否可以延展，是否能將若干碎片組裝連接起來。

讓你的心語有安居之處，才能運用自如。

只要有心，就有心語

為方便大家理解聆聽心語的過程，現以真實案例進行說明。我曾為杜康小封壇白酒寫過一段影片文案。小封壇的特點為窖藏

五年。在動筆前我隱隱約約看見酒在昏暗的地窖中流淌。

於是我自問：「流動的是什麼？是酒嗎？」

接著我問：「酒是由什麼釀造的？是糧食嗎？」

我自答：「浮雲一別，流水十年。酒是時間釀造的。在地窖中流動的不是酒，是時間。」

接著，我用筆寫下：「地窖中流淌的是時間，原來是時間醉了，醉在地窖的酒罈中。」

筆隨心動，我把心語記錄下來，使用外在語言把心語翻譯為：

時間，原來在這裡一醉方休。

然後，我再度自問自答。如果時間是到了這裡一醉方休，那麼前面是否應該有一個問句。於是倒推思考寫下了：

時間到底去了哪裡？

時間，原來在這裡一醉方休。

經過一連串的自問自答，便順利完成了一段影片文案，水到渠成。

光陰就這樣逝去如飛，
數不清的日子匆匆消逝。
時間到底去了哪兒？
是自己逃走了，
還是，
藏了在哪裡？
經歷五年地窖壇藏，
時間，原來在這裡一醉方休……

我將不同的心語記錄下來，經過幾個安靜的早晨，順利完成了手中的工作。

每個人都有「心語」，只是我們沒有察覺。不知道是否因為周圍的聲音太響讓我們聽不到心語微弱的聲音，還是我們自己選擇讓噪聲阻擋心語的浮現？聆聽心語，記錄心語，不僅能幫我們寫文案，更能讓我們對身邊的一草一木、一事一物有深刻的認識和感受。記錄下來的心語，反過來又能豐富腦庫的儲存，變成思維的寶藏，像雪球一樣，愈滾愈大。

　　只要有心，就有心語。聆聽心語，文案不難。

CHAPTER
10

好文案都能聊，
看完好好聊

寫文案是遺憾的藝術。文案就像舞臺演員一樣，
說出去的話沒法收回來，即使能收回來也會產生一定的影響。
所以，要麼不說，要說就認真說，
一旦想清楚了，自然會說得到位，不留遺憾。

「好文案要像迷你裙：足夠短，才能引人入勝；
　將夠長，能把關鍵的重點囊括其中。」
———林桂枝

寫文案是溝通，與人溝通非常有趣。我邊寫邊學，樂在其中，並有許多收穫，在此分享給人家，希望對你有所幫助。

　　下面是有效溝通的一些要點以及對文案的啟示，知道了這些，可以讓大家對文案工作有更進一步的認識，工作起來也更輕鬆自如。

有的人是個蘿蔔，有的人是棵蔥

有效溝通的思路：

- 別人不是你，和你不一樣；有的人是個蘿蔔，有的人是棵蔥。溝通的前提是明理，明白別人與你不同。就算你不同意對方的觀點，也必須理解對方的想法。
- 專心聆聽對方。一個人如果只顧自己說自己的，說明他根本沒想去瞭解對方。

- 用心觀察對方。只有瞭解對方，你才能明白對方的煩惱，知道他渴求什麼，嚮往什麼。
- 不要用你的經歷代替別人的感受。你的朋友昨天被男朋友拋棄，跟你前年跟男朋友分手是兩回事。每一段經歷屬於每一個個人，就像每一次分手的時間、地點、人物、原因都不一樣，必須受到尊重。

對文案的啟示：

1. 假如你要推廣中年女士服飾，你需要知道對方的氣質是什麼樣的。倘若你心裡不接受她們，便很難瞭解她們內心所想，也不能明白她們心底的感性。只有尊重對方，接受她們，理解她們，才可以寫出觸動她們內心的文字。

2. 如果你沒有聆聽使用者的評價，也沒有看同類品牌的使用者留言，說明你只是自說自話，不願意用心理解消費者。

3. 必須用心聆聽受眾的語言。一位大學生告訴我，他們平常很少用「自由」這兩個字，然而不少針對年輕人的推廣文案都會用到「自由」。到底是否應該用「自由」，只有透過多聆聽尋找答案。

4. 不要以為你會的受眾都懂，你想的受眾都會這樣想。多想想他們知道多少，不知道的又有哪些。

5. 只要願意安靜下來好好聆聽，願意瞭解對方的渴求和痛點，對方會告訴你他的內心感受。當你用心聆聽，文案會不請自來。請給對方讓路，聽他們說。

想別人離開你，只需自己顧自己；自說自話，是個好辦法。

想一想……

你身邊誰是蘿蔔，誰是蔥？還有哪位是番茄？

難得誠實

有效溝通的思路：

- 人與人交往貴在真誠。坦誠來自不隱瞞，有什麼情況如實去說。
- 坦誠來自承認自身的缺點，甚至告訴對方自己並不完美。
- 謊言與藉口說起來比較方便，坦誠卻需要勇氣。於是，誠實有點落寞，變為孤孤單單的一個詞。
- 在表面光鮮的虛幻世界，誠實更真實，更難得。

對文案的啟示：

1. 不妨坦誠說自己，就像醜橘說自己醜，臭鱖魚老實地說自己臭。我看過一個影片標題開誠布公這樣寫：「25 歲才學舞，太過僵硬，徹底垮掉！」因為誠實，反而受到追捧。

2. 宣傳推廣通常以戲劇性手法表現自身的優點。在「一切皆完美」的語言巨浪中突然有人誠實地承認自己的缺點，能使人耳目一新。例如，一個親子度假勝地的文案誠實地說：「來這裡，孩子玩得很嗨很開心，父母卻難免有點悶。」父母在意的是孩子玩得好不好，坦誠讓這段文案贏得了更多父母的信任。

誠實不容易做到，但它的好處不言自明。

想一想……

你手中的專案有什麼缺點，是否可以誠實去說，把短處變成長處？

問題要開放

有效溝通的思路：

- 良好的交流是你來我往，有問有答。
- 給對方一個開放性問題，留空間給對方回答。例如，「我沒想過能這樣處理，你是怎樣做到的？」開放性問題能讓對方感覺受到尊重，從而參與進來，加強投入感。

對文案的啟示：

1. 寫文案時也可以向對方提出一個開放性問題，例如用親切的語氣說：「我本來的簽名也很難看，你呢？」、「我原來也沒自信，不敢唱，你是不是和我一樣？」

問題開放了，溝通的大門也同時開放。

2. 你可以用開放性問題作為標題，用視覺提供答案。例如，一個戶外露營用品的宣傳文案可以用一個開放性問題作為標題：「女朋友把我趕了出來，你說怎麼辦？」然後用一張照片或影片提供答案，照片或影片的內容是一名 20 多歲的男生在山上搭起帳篷，以野外為家。視覺雖然提示了答案，可是由於使用了開放性問題，讓觀者參與進來，從而拉近了與對方的距離，溝通也變得更生動有趣。

想一想……

你有沒有把溝通的大門關上，該如何打開？

一定有些東西值得你說聲謝謝

有效溝通的思路：

- 與朋友交往要常存感恩之心，一定有些東西值得你說聲謝謝。
- 別人對你有任何幫助，要隨時隨地說謝謝。
- 感謝是既簡單又有力的溝通方式。

對文案的啟示：

1. 顧客光臨你的店，說一句「感謝你抽空到訪小店，希望你今天開開心心」；顧客給你好評，在留言中必須感謝他（她）的鼓勵。
2. 將好的使用者評價加上圖片做成你的網店首頁，說一聲「謝謝那些鼓舞我們做得更好的人。」
3. 把說聲謝謝變為寫文案的習慣。

請把言、身、寸組合，重複說兩遍，你將收穫無限

又短又淺又白

有效溝通的思路：

- 與朋友聊天不是囑咐，不用重複與囉唆，宜長話短說。
- 沒有人會用深奧的詞彙跟人聊天。
- 日常用語是雙方共同的語言，多委婉的情感都可以透過日常用語表達。

我們來看看沈從文的散文《街》中這段樸實無華的文字：

有個小小的城鎮，有一條寂寞的長街。
那裡住下許多人家，卻沒有一個成年的男子。因為那裡出了一個土匪，所有男子便都被人帶到一個很遠很遠的

地方去，永遠不再回來了。他們是五個十個用繩子編成一連，背後一個人用白木梃子敲打他們的腿，趕到別處去做軍隊上搬運軍火的案子的。他們為了「國家」應當忘了「妻子」。

　　大清早，各個人家從夢裡醒轉來了。各個人家開了門，各個人家的門裡，皆飛出一群雞，跑出一些小豬，隨後男女小孩子出來站在門檻上撒尿，或蹲到門前撒尿，隨後便是一個婦人，提了小小的木桶，到街市盡頭去提水。有狗的人家，狗皆跟著主人身前身後搖著尾巴，也時時刻刻照規矩在人家牆基上抬起一隻腿撒尿，又趕忙追到主人前面去。這長街早上並不寂寞。

　　這是一段聊天式的文字，是作家在自說自話。這篇短文語言簡樸，意味深長，讓我們感受到語言精練的力量。

　　對文案的啟示：

1. 寫文案就像跟朋友聊天一樣，要以日常語言表達，必須讓對方聽得懂。
2. 假如寫的是專業類文案，需要瞭解專業人士的日常用語。

要短，只要不穿幫。

3. 必須精確表達，不囉唆。好文案要像迷你裙：足夠短，才能引人入勝；將夠長，能把關鍵的要點囊括其中。

有趣無敵

有效溝通的思路：

- 沉悶是溝通的殺手。
- 語言無味，無法交往；說話有趣的人，往往更受歡迎。
- 一個人談吐風趣是源於他觀察事物的角度。有趣的人會從不一樣的角度出發，看到別人看不到的，說得妙趣橫生。

對文案的啟示：

1. 要做個思維活潑有趣的人，讓自己活得輕鬆，同時讓你的工作更有成效。

2. 尋找不一樣的角度，是引人關注的好方法，更是讓文案不難的不二法門。

我希望這一章的內容對你有所啟迪，並能應用在你的日常工作中。

CHAPTER
11

學會多角度思維,
文案即刻升維

讓寫文案變得不難的一項關鍵能力是懂得多角度思維。
只要改變角度,一切隨之而變。

「我們生活在一個重力的深井，一個滿布氣體的星球，
還天天圍著一個離我們幾千萬裡的火球在轉，
然而，我們都覺得這些事情平常不過。
所以，人類的觀點歪曲偏頗，相當正常。」
——道格拉斯·亞當斯 《困惑的三文魚》

太專注於事物本身，我們只會局限在事物的某一方面，盯著一個固定的畫面，時間長了人會變得麻木，甚至會陷入思維的死角，在狹隘的角落打轉，找不到出路。情感、工作、人生、寫文案，莫不如此。

要打破困局，不妨換個角度重新出發。

換個角度海闊天空

想好玩就要換個角度看。以下是我從奧美集團副總監羅里‧薩特蘭（Rory Sutherland）的演講中聽到的故事：

有一款滯銷的小餅乾，形狀是個小方塊。客戶嘗試過推新口味、換新包裝、買贈促銷，都不能改變銷售下滑的局面。後來，他們請來一家大型廣告公司，期望對方能出謀劃策，幫助他們起死回生。

此時正值暑假，廣告公司來了一位實習生。一天，創

意總監、資深文案、美術指導在會議室抓破頭皮為小方塊餅乾想解決方案，大家七嘴八舌，依然毫無頭緒，會議室漸漸一片死寂，鴉雀無聲。

實習生覺得有點無聊，把桌面上的正方形小方塊無意中轉了 45 度，眼前出現了個菱形。他盯著這菱形小餅乾，喃喃自語說：「這是小鑽石。」

「小鑽石」三個字打破了會議室沉悶的氣氛，大家紛紛露出笑容，感謝實習生貢獻的奇思妙想。接著，團隊一起落實新命名、新設計、新包裝和全方位的宣傳方案。

廣告公司提出「小鑽石」方案後，客戶欣然接受。於是，小方塊被重新命名為小鑽石，原本滯銷的產品起死回生，成功突破銷售困局。

這個小故事的啟發良多：

- 死死盯著眼前的小方塊，怎麼看它也只是 4 個正方形。假如近看沒什麼發現，我們不妨把它轉個角度，放遠去看。
- 換個角度能讓我們從熟悉的事物中尋找到陌生的感覺，在日常生活中發現不尋常。

阻礙我們的不是事物，而是我們看事物的角度。

- 我們都要像實習生。我們要拋棄經驗與成見，告別墨守成規，像新手一樣。唯有這樣，正方形才可以變為菱形，菱形才有可能成為鑽石。

想一想……

你眼前的工作是否遇到瓶頸？試試換個角度重新出發。

很多人說好文案需要跳躍性思維，所謂跳躍，就是不固定在一個地方，跳到別的角度去看。例如，要寫一則高級貓飼料廣告文案，你會怎樣寫？

你會從貓的角度出發嗎？

- 名貓牌貓飼料，獻給世界上最挑剔的貓
- 名種貓的美食——名貓牌貓飼料

這樣寫不好玩，讓我們換個角度試試。貓飼料廣告的文案視點是否可以不在貓上，而落在人們喜愛的另一種寵物——狗的身上。

國外有一則貓飼料的經典平面廣告，畫面是一隻名貴的小狗，可憐巴巴盯著一盆貓飼料。右邊是貓飼料產品與品牌名稱。文案的標題寫道：

長大後，我要成為一隻貓。

我們常常說貓貓狗狗、貓狗不如、貓三狗四，狗一直在貓的左右，只是我們沒有注意而已。寫這個標題的文案卻注意到了，所以他把狗邀請進來，用來賣貓飼料。小狗長大後希望成為一隻貓，是因為這款貓飼料實在太好了，具體是好吃還是用料十足，抑或營養豐富，已經不再重要。貓飼料廣告裡有一隻狗，本身就已經足夠吸引眼球，後面再加上產品特點就可以順利溝通，完成說服。

想一想……

看看人們怎樣推廣狗飼料？試試用別的角度來寫，刻意練習。

正的要反著看

換個角度是人人都能用到的妙招。我在奧美工作的時候,三全食品推出了私廚系列水餃。業務部和創意部同事品嘗後都認為高級、精緻是需要突出的點,於是全力朝著這個方向努力去想,用心去寫。我記得當時大家寫了不少文案。

客戶對那些文案的態度一如既往,說不出什麼不好,只提出還可以更好。負責私廚的業務總監來找我幫忙,我和其他創意人員便接手了這項工作。我坐在一位文案同事身邊,用廣東話說了一句「食好D」,也就是普通話的「吃好一點」。

為什麼我會這樣說?這可能是直覺反應,我總覺得事情可以從不同的角度去思考。原來提出的文案「怎樣精緻都不過分」是從餃子的角度出發;「吃好一點」是將角度反過來,看吃餃子的人。吃餃子的人渴求什麼?每天壓力山大,必須吃好一點,犒賞自己。「吃好一點」是內心渴求,是生活態度,是慰藉,是同理心。坐在旁邊的李誕加了一句——「很有必要」。最終,私廚的文案定為「吃點好的,很有必要」。

事情一點也不深奧,甚至可以說相當簡單。我只是換了個角度,從餃子的角度轉為吃餃子的人。反過來看,困局迎刃而解。

- 如果你寫的文案角度在使用者,不妨反轉來看產品。
- 如果你的角度在產品,不妨看看對方的生活。
- 假如從功能點出發找不到感覺,可以看看如果沒有這個功能點,事情會有什麼後果。
- 假如正著來說不好玩,那麼就嘗試反過來說。
- 如果反著來說也沒有出路,請出去走走放鬆一下,再換個思路。

東張希望，更有希望

另外一個換角度的方法是從周遭的事物去發現新的角度。東張西望，往往更有希望。

酒後開車是個世界性問題。全世界常見的防酒駕宣傳文案大概都是如此：

- 酒後不開車，開車不喝酒
- 為了你的生命安全，請勿酒後開車
- 愛車可以修理，生命不能重來

這些文案都是對司機說的。第一句是直白的勸誡，第二句與第三句是告訴司機生命可貴，酒駕將會產生極大的危害。

這些都沒錯，可是如果我們細心分析，會發現這些文案存在思維陷阱：

- 喝酒的人都知道這些道理，只是很多時候控制不了自己。
- 大部分人為什麼會喝醉？朋友在一起，聊嗨了自然會喝多。
- 在聊嗨的飯桌上，這些勸誡只會被高漲的情緒、可貴的友誼淹沒。

因此，以上文案是無效的。

讓我們試試換個視角，看看有沒有新的發現。將視角從司機身上平移到司機左右兩邊，便會看到司機身旁的朋友、哥們兒。那麼，如果大家是好朋友，是不是應該為自己哥們兒的安全著想呢？

文案不妨這樣寫：

是真哥們兒，別讓他酒後開車。

這是多年前張貼在國外某酒吧的防酒駕文案。這句文案從事

物的周圍發現新角度，是「東張西望，更有希望」的好例子。當年還沒用代駕服務，不能付費找人幫忙開車。於是，朋友就是你的代駕。鐵哥們兒真的不應該讓自己的哥們兒酒後開車。如果你的哥們兒喝醉了，你要拿走他的車鑰匙，幫他叫輛計程車；或者自己開車，將喝醉的他送回家。

這句防酒駕文案在我心中留下了深刻的印象，教會我不少東西：

- 不要只盯著事物的主角，要看看主角身旁的配角。
- 假如從主角身上找不到頭緒，要靈活變通，從他身邊的配角身上想辦法。

配角往往比主角更有分量。

- 要關注別人寫的文案，思考同類宣傳已有的角度，分析別人成功與失敗的原因。

想一想……

你手中的專案誰是主角，誰是配角，你可以如何用好配角？

「東張西望，更有希望」的另一個例子是國外的這個段子：

一位乞討的盲人在公園路旁豎起了一個紙牌，上面寫著「我是個瞎子」。路人對此視若無睹，沒有多少人停下來施捨。一個好心人上前，翻轉紙牌，為盲人寫上：「眼下是春天，我卻看不見」。文案改寫後，願意幫助乞丐的人一下子增加了不少。

我們比較一下這兩句文案的角度。
「我是個瞎子」從盲人的角度出發，直白地將事實說出來。

「眼下是春天，我卻看不見」則將角度從盲人身上擴展到他身處的環境，即從一個人變為公園的環境。

　　文案中加上了春天，多了一個時間維度。春光明媚、百花盛開之時有一位看不見的乞丐，用春天的美好與乞丐失明的遺憾營造強烈對比。

　　失明的乞丐把個人的感受變成遊人集體的感受。春風裡的遊人在遊玩中遇到一位失明的乞丐，當讀到「眼下是春天，我卻看不見」時，遊人的歎息變為憐憫，憐憫之心繼而變成行動，人們慷慨解囊，文案效果立竿見影。

　　這句文案的出色之處在於雖然是乞丐在說自己看不見，卻瞄準了人們心中最柔軟的部分：看得見的遊人會因為乞丐看不見而產生惻隱之心。

　　所以，寫文案的關鍵是找對角度。

> 只有觀點，沒有事實；只有視角，沒有真相。

想一想……

換個角度，海闊天空，你還看到什麼好例子？馬上記下來作為你的腦庫儲備。

　　換個角度的核心是拋開原來的固有角度，從事物的四面八方去思考。你會發現，視角遠遠不止東西南北，而是有遠有近，有前有後，還可以是上下左右、圓形三角、俯仰斜側。古希臘哲學家認為幾何學是鍛煉思維的好方法，我覺得將幾何思維用在文案上，既簡單又好用。

　　換個角度去看，轉個角度去寫，文案不難。

CHAPTER
12

你沒有看錯,
做文案要好好 Kiss

Kiss 不僅是接吻,更是生活的法則,是寫好文案的要領。
Kiss 法則簡而言之就是簡單法則,原本的目的是為拯救生命。
1960 年,國外一名飛機工程師提出了 Kiss 設計理念。
這個理念源於單人駕駛的噴氣式戰鬥機一旦遇到意外,
飛行員往往落單在荒山野嶺,叫天天不應,叫地地不靈。
這位工程師有感於此,提出噴氣式戰鬥機的設計必須改良,
應用 Kiss 法則,化繁為簡,讓飛行員在遇到意外時能利用機上的工具自行完成
修理,一則可以拯救人命,二來可以節約金錢,避免飛機因意外而報廢。

時間就是生命,時間亦是金錢。用好 Kiss 法則,不僅可以節省時間,
還能帶來金錢以及更多意想不到的好結果。

「簡單是終極的修養。」
———達・文西

誰不喜歡接吻？你知道嗎，Kiss 不只是接吻，更是寫文案的一個重要法則，它是英文 Keep it simple & stupid 的首字母縮寫，翻譯過來就是「讓事情變得傻傻的簡單」。

簡單來自捨棄。Kiss 法則的核心是「刪除多餘，只要最好」；成語「去蕪存菁」，只消四個字便將 Keep it simple & stupid 表現得淋漓盡致。我常常提 Kiss 法則，因為在工作中我們很容易掉進複雜的陷阱。例如，我曾收到客戶對一份結案報告提出以下要求：

請從以下 10 個維度分析該宣傳專案：
1. 品牌市場表現指標
2. 品牌評價指標
3. 品牌形象功能表現
4. 品牌形象情感表現
5. 傳播喜好度
6. 傳播促進度
7. 傳播識別率

8. 品牌聯繫度
9. 產品關聯度
10. 品牌影響力

　　我看到以上清單不禁笑了起來。品牌市場表現指標、品牌評價指標、品牌影響力全是大詞，在沒有任何數據佐證的情況下，不能隨便下結論；而傳播促進度更是不知所云，令人費解。

　　我告訴客戶，如果根據以上要求去胡亂編造，誇大其詞，我會淪為騙子。後來我與客戶詳細溝通，運用 Kiss 法則，將框架簡化，呈交了一份務實的報告，工作十分順暢，客戶滿意，大家開心。

複雜比簡單簡單得多。

　　我們很容易被複雜迷惑，複雜令人聽不懂，聽不懂的事物顯得深奧，深奧令人一邊仰望對方，一邊低頭自慚形穢，不知道該如何是好。有的人不想費腦子，加上怕麻煩，乾脆盲從附和。

　　我遇到過不少喜歡賣弄複雜的人，由於聲音大到一定程度而變成了一種聲音，成了發言人。在這類複雜的人身邊，伴隨著更多盲從附和的人，總是在點頭假裝聽懂，而複雜的人也往往沉迷在自己的複雜之中不能自拔。說話的與點頭的不知不覺完成了一段又一段雲裡霧裡的所謂討論，從雲裡走來，在霧裡散會，沒有任何實質結論和進展，辜負時光，浪費青春。

刪除多餘，只要最好；最好的就是有意義的。

　　事實上，複雜是由於對事物缺乏瞭解。愛因斯坦說過：「如果你不能簡簡單單地將一件事情說明白，說明你根本沒有理解它。」

想一想……

你是否經歷過雲裡霧裡的會議？找出原因，想辦法改進。

別忘了要隨時隨地 Kiss

只要我們用心留意，Kiss 就在我們身邊。我記得在芝加哥出差期間，下午常跟同事一起出去喝咖啡。我們特別喜歡光顧辦公室附近的一家咖啡廳，這裡的咖啡好喝，氛圍親切又溫馨。這家店有一個特別之處：咖啡的收費不分大杯與中杯，而是統一定價。附近很多白領都喜歡到這裡，我注意到，人們不會因為價格統一而貪便宜喝大杯。每次我和同事三人，只有那位身高 180 的同事喝大杯，他長得壯，喝的自然比別人多。

有一回我跟店員聊天。他說，不管其他店怎樣想，他們的老闆一直認為大杯比中杯耗費不了多少咖啡豆和水。除了找個藉口向客人多收費，他們實在想不出大杯多收費的合理理由。員工和老闆都認為大中杯分別定價是把一件簡單的事情弄複雜了，客人覺得複雜，他們也感到複雜。

最後店員跟我說：「人生苦短，幹嗎要把生活弄得那麼複雜？」我和同事都很喜歡這家店的做法，因為他們拒絕複雜，挑戰常規。

從咖啡廳的角度去看，他們賠上了大杯咖啡的額外利潤；但從更宏觀的生意角度看，他們使用 Kiss 法則贏得了客戶的青睞，生意比另一家咖啡店更紅火。Kiss 法則為他們帶來的不只是節約顧客與員工的時間，還有更好的業績和寶貴的客戶好評。

無論在生活還是工作中，我們都需要秉持 Kiss 法則。我記得王爾德說過：「人生並不複雜，複雜的是我們，人生挺簡單的，而簡單的就是對的。」

> Kiss 法則就是知道在什麼時候、什麼事情上多花時間，於什麼時候、什麼事情上少費時間。

想一想……

你身邊有 Kiss 法則的好例子嗎？他們是怎樣做到的？簡單法則帶來了什麼好處？

文案為什麼要 Kiss？

Kiss 法則對寫文案至關重要，原因如下：

- 人人都覺得世界複雜，人心複雜，工作複雜，所以每個人都希望活得簡單一點。簡單是人們內心的渴求。
- 人們手中的訊息太多，但時間有限，消化不了複雜的訊息。
- 人們的注意力十分短暫，對方只會對你的文案瞄一眼。你沒有第二次機會留下最關鍵的第一印象，機不可失，時不再來。因此，文案必須精簡，沒有廢話。
- 你的文案需要與受眾的家人、同事、老闆的微信，還有網劇、新聞、綜藝、偶像的訊息競爭，要從這些訊息中脫穎而出，文案一定要短小精悍。
- 某些商業宣傳文案是在打擾別人，例如插播的影片廣告、開機廣告。誤闖人們的生活，還說得稀裡嘩啦，只會招人厭煩。
- 少比多好，從來物以稀為貴。簡潔有力的文案永遠比長篇大論更珍貴。

如何應用 Kiss 法則？

既然 Kiss 法則如此重要，那麼我們在寫文案的時候，應該如何應用呢？

預寫
......
要想獲得 Kiss 法則的好處，你需要預寫。

首先將你需要解決的問題清楚地寫下來。先寫框架，然後以清單形式整理要點或數據，認真看看每一點是否與主題緊扣。如與主題無關，請應用 Kiss 法則：刪掉多餘，只留最好。

花幾分鐘預寫，可以幫助你節省因思路不清而做的無用功，有效幫助你做到有的放矢。

撰寫
......

1. 連接

拿出預寫定下的要點，將內容順暢地連接起來，將多餘的枝葉果斷刪掉。寫的時候集中在要點與主題上，環環相扣，讓人們隨著你精練的語言前進。

2. 長話短說

使用短句子。不同的要點以不同的小段表達，每小段只表達一個要點。句子宜短不宜長，表達必須清晰明瞭。

只保留與重點相關的文字，不支援重點的一概捨棄。例如，你需要寫的要點是夏日圍巾的輕薄質地，應該保留真絲混紡、疏鬆的編織；色彩與重點無關，必須刪去。

你的時間有限，對方的時間更有限。

3. 圖文並茂

如果需要表達功效或成分，可結合示意圖，把複雜的道理化繁為簡，方便對方理解。示意圖的說明文字也必須做到言簡意賅。

4. 一問一答

蘇格拉底經常使用問答加結論的方式陳述觀點。問與答能幫你理清思路，而且讓對方感到你能想他所想。對於表達功能性的產品文案，問答能令訊息清晰易辨。用問答的方式需要謹記問題必須切中要害，瞄準消費者的痛點。

改寫
......

完成第二步後，請休息一會兒，出去走走或喝杯茶後再看你寫的文字，換換腦子，以利再戰。

檢查
......

認真檢查文案是否符合主題，是否切中要害，是否有含義不清、複雜累贅的句子。逐句檢查，一刪再刪。

清晰的思路來自對事物的深入瞭解，只有明白自己要說什麼，應該怎樣說，才有可能刪去多餘，留下最好。作為文案，我們必須明白簡單的力量。如果人們不明白你說的是什麼，就想不起你，想不起你就不會有行動，沒有行動就等於你寫下的一切都是白費。

Kiss 法則，就是知道什麼需要，什麼重要，更重要的是什麼不要。

簡簡單單打造使用者體驗

在打造使用者體驗方面，Kiss 法則同樣值得大家參考。微軟和蘋果當年同時推出音樂平台，蘋果的定價是一首歌 99 美分，微軟是用 1 美元可以購買 80 積分，買一首歌需要 79 積分。

從數值來看，79 比 99 小，小的數值可能會導致人們產生錯覺，以為微軟的更便宜。事實上，如果大家認真算下來，會發現這是個數字陷阱。在微軟花 79 積分買一首歌，費用是 99 美分，跟蘋果的 99 美分完全相同，只是 79 比 99 聽起來更便宜而已。

微軟的做法完全是把簡單的問題複雜化。這個複雜的收費制度，把錢先換成積分，然後用積分才能購買。我的一個美國朋友是一位社會公正鬥士，當年他告訴我，微軟是用積分來偷換概念，十分不地道，道德有問題。

我覺得微軟的動機不見得是這樣，只是它一定有些自作聰明的人，這些人提出了這個笨想法，把簡單的事情弄複雜了，導致整家公司被繞了進去，繞不出來。微軟的積分絕對是多餘的，因此微軟的音樂平台出師不利，沒有蘋果的 iTunes 成功。

今天，類似微軟的做法在中國也十分普遍。消費者花百元面值儲值後購買所需的服務或課程，平台將消費者的錢變成積分或其他名堂，消費者以百元整數儲值，而購買的服務往往是十位數

的等值積分，於是永遠有花不掉的錢留在帳戶中。平台只要拿使用者的餘額去理財生息就可以白白獲得豐厚的收益。這種複雜的換分制度反映了企業的誠信。雖然他們得到了額外的收益，卻失去了企業更應珍惜的東西。

簡單來說，簡單的好處就是不添亂。

> 想一想……
>
> 你身邊有什麼簡單問題複雜化的事，你覺得可以如何應用 Kiss 法則來改善？

在海量的資訊世界，複雜是罪過。魯迅先生說過，浪費自己的時間是慢性自殺，浪費別人的時間是謀財害命。刪除多餘，只要最好，Kiss 法則不僅能幫助文案提高工作效率，更能讓你的人生減少不必要的蕪雜與零亂，多些滿足和愉悅。

CHAPTER
13

洞察的洞裡，
到底藏了什麼寶？

洞察在廣告業是個日常詞彙，人們幾乎天天掛在嘴邊。
歷史上最出色的廣告文案比爾・伯恩巴克在幾十年前便提出廣告宣傳要洞察人性，要洞察主宰一個人的行為動因，只要得到洞察，
便能找到點亮黑夜的明燈，指導文案的方向。

洞察雖然如此重要，但其中的道理一點也不深奧，
所以我覺得必須將我懂得的相關皮毛知識與大家分享。
利用數據獲得洞察對今天的文案至關重要，
文中以 Spotify 音樂平台為案例，雖是國外公司的例子，
但其中的道理放之四海而皆準。
說實話，我實在找不到比它做得更好的例子了，
唯有期望你的創作可以成為更好的案例。

「沒有什麼比洞察人性更有力量。我們要洞察人性如何主宰一個人的行為，
是什麼不可抗拒的原因促成一個人的想法。
找到『洞察』，你能觸動他的心靈。」
———比爾‧伯恩巴克

你覺不覺得「洞察」有點深邃，有點神祕嗎？

什麼是洞察？簡單來說，洞察是孫悟空的火眼金睛，他眼中射出的那兩道金光能穿透事物的表象，辨出師傅頭上的祥雲、白骨精身上的妖氣，一眼看穿對方的真身，看清事物的本質。有了火眼金睛，孫悟空在取經的路上精神抖擻，百戰百勝。洞察用於寫文案，同樣能讓你跟孫悟空一樣，本領過人，受益多多。以下是洞察帶來的好處：

- 洞察是一把鑰匙，能幫助我們找到文案的切入點。
- 找到洞察，便能找到傳播的核心。
- 洞察能觸動人心。
- 洞察可以直接用在文案上，讓工作更省心。

既然洞察那麼神奇，那麼洞察具體是什麼？

不少人說，看銷量與流量，看誰是買家，看性別、年齡、地域、收入便是洞察；研究消費趨勢的人說，從數據中發掘引發現狀的原因，從而推斷未來消費走向便是有力的洞察；產品設計師

認為，觀察人們怎樣吸塵，看到人們被電線纏繞便是洞察，無線吸塵器的設計思路便是由對使用者的洞察而來。

不同人對洞察有不同的定義，我對洞察的理解如下：

有洞察，看得透。

- 洞察源於對人和社會的深入觀察。
- 洞察具有普世價值，反映人性。
- 洞察告訴我們驅動使用者購買或喜歡一個品牌的潛在原因。

洞察有四大元素，你瞭解多少？

假如我們「洞察」一下「洞察」與品牌和消費者的關係，會發現洞察具備四大關鍵元素：

洞察＝反映人性＋普世觀念＋針對目標消費群＋與品牌匹配

1. 反映人性
2. 普世觀念
3. 針對目標消費群
4. 與品牌匹配

到底什麼是洞察？看個例子你就明白了。

從事廣告文案的朋友都應該看過耐吉的一個獲獎無數的影片。這個影片從遠景開始，畫面中央的道路上有一個人慢慢跑向鏡頭，畫外音傳來喘氣的聲音。遠景的人一步一步跑近，我們發現他不是職業運動員，而是一位外貌普通、十多歲的金髮小胖子。他身穿一件普普通通的 T 恤，一條深色短褲，獨自在跑，氣喘吁吁。

畫面沒有音樂，只有旁白：

偉大，只是人為編造。
不知為何我們會以為偉大是一種天賦，
只賜予少數人，
只屬於天才和超級巨星，
其他人只能駐足仰望。

請你忘掉這些說法。

偉大不是某種罕見的 DNA，

它不是什麼奇珍異寶。

世界上沒有什麼比呼吸更偉大。

人人都能做到，

每一個人。

緊接著是字幕：追尋你的偉大。

這支影片的畫面是一個普通不過的小胖子，旁白中暗藏了簡單又深刻的洞察：

我們以為偉大只屬於少數人，只有運動員才能夠成就偉大。

現在讓我們檢查一下這個廣告是否符合上面提及的四元素：

1. 反映人性：每個人都希望實現自我，成就偉大。
2. 普世觀念：只有運動員才能透過運動成就偉大。
3. 針對目標消費群：世界上所有運動的人。
4. 與品牌匹配：耐吉是「運動」品牌。

基於以上的洞察，廣告中的小胖子告訴大家，多平凡的人都可以成就偉大，只要活著，只要運動，小胖子能，你也可以實現自我，追尋偉大。

想一想……

找出耐吉的其他廣告，分析其中的洞察。

當我們審視洞察的時候，需要問這四個問題：

1. 是否反映人性？
2. 是否含有大眾認同的普世觀念？

3. 是否與你的目標消費群相關？

4. 是否與品牌個性或商業目的相符？

數據是洞察嗎？
. . . .

不少人說數據就是洞察。數據中的瀏覽量、銷售量、使用者年齡與地域，還有平台提供的各種圖表是洞察嗎？

答案為否，數據不是洞察。數據為我們提供資訊，只有對資訊進行思考與分析，數據才能成為洞察。這個道理跟我們瀏覽手機中的資訊一樣，如果沒有將其中的含義內在化，手機中的訊息就不會成為我們的知識。假如我們看見了數據而不去問為什麼，不思考，知道了也是白知道。

數據產生資訊，資訊經過你的思考與分析，才能成為洞察。

然而，數據經過先進的人工智慧運算自行分析，同樣能得出某些洞察，我相信隨著科技的進步，將會得到更多洞察。我不是人工智慧，加上缺乏預知未來的能力，所以這裡涉及的是目前人類透過自己的大腦，透過數據獲得的洞察。

想一想……

平台為你提供了什麼數據，這些數據是洞察嗎？

如何獲得洞察

看見數據問為什麼，從人性獲得洞察
. . . .

數據是洞察的重要來源，十分寶貴。用好數據，不僅可以得出洞察，甚至能直接將數據變為文案。這裡以音樂平台 Spotify 為例，說明數據的力量。

從 2015 年開始，Spotify 一直利用後台的數據做洞察和寫文案，進行了叫好又叫座的推廣。Spotify 從後台得到數據，知道使用者在哪兒聽，聽什麼，幾點聽，聽了多長時間，一天聽了多少次。如果單看這些數據而不思考，數據只是一堆數字，只會為你總結出各種結論：多少人在聽？聽的是什麼歌？誰是最紅的歌手？哪一首是打榜歌？幾點鐘人流最多，他們的年齡、性別、地域分布、喜愛的音樂類型是什麼？

Spotify 並未將腳步停留在數據上，而是將數據整理為資訊並進行思考，於是發現一位男用戶在 2 月 14 日情人節當天，聽了《對不起》（Sorry）這首歌 42 次。我們馬上會獲得超越數據的有趣資訊。只要進一步深入去問為什麼，便能得出以下結論：

- 情人節聽《對不起》42 次，此人必定在情人節孤孤單單一個人，在後悔，在掙扎，希望跟對方說聲對不起挽回感情。
- 從數據中我們洞察到他沒有採取行動，因為他從早到晚只是不斷播放《對不起》，癡癡地想，傻傻地聽。

從數據入手，歸納到人性與精神狀態，我們知道這位男士只停留在後悔與回憶中，什麼都沒有做。

現在我們看看從數據到洞察的整個過程。

- 數據：某人，男性，19 歲，2 月 14 日一天內播放《對不起》42 次，數據包含他聽歌的詳細時間與定位。
- 資訊：某男在 2 月 14 日情人節這天聽了《對不起》42 次。
- 洞察：某男在情人節癡癡地聽《對不起》42 次，沒有行動。

數據本身明明白白，但需要你思考得一清二楚。

Spotify 將數據中的洞察變為一個戶外大看板，標題是這樣寫的：

那位在情人節聽了《對不起》42 次的人，你打算怎麼辦？

由於洞察到某位男士沒有行動，Spotify 在看板上直接向這位聽眾提問題，問他想怎麼辦。這句調皮好玩的文案是來自平台對數據的洞察，有點像福爾摩斯在研究一個門把手上留下的蛛絲馬跡。

　　如果沒有一顆刨根問底的心，不去思考，不可能寫出「你打算怎麼辦？」這點睛之筆。我們可以檢查一下，這塊看板具備了上面提到的洞察四元素。

1. 反映人性：情場失意的人總會說對不起。
2. 普世觀念：說 42 次對不起不容易。
3. 針對目標消費群：年輕樂迷。
4. 與品牌匹配：用歌名，與 Spotify 音樂平台相配。

　　從數據中發現人性，從人性中找出洞察，只需要用心多走一步。

看見數據問為什麼，從社會熱點獲得洞察

　　從數據中對應社會的熱點，也是獲得洞察的另一個好辦法。

　　以下是 Spotify 在 2016 年 6 月得出的另一個數據：3749 人聽了這首《我們知道世界末日已經到來》（*It's the end of the world as we know it*）。

　　只看數據，我們僅會知道一首歌名中帶有世界末日的歌曲在某段時間的聽眾人數。可是，當我們想想為什麼，便能發現這樣的事實：2016 年 6 月是一段極具爭議的英國脫歐公投的日子。西方社會不少人認為英國脫歐充滿未知之數，部分反對脫歐的人士更感到脫歐之日便是世界末日到來之時。將數據與社會熱點連接，便會發現十分有意思的洞察，平淡無奇的數據立即變得生動有趣。

　　我們看看 Spotify 是如何將數據變成資訊，並進一步獲得洞察的。

- 數據：2016 年 6 月《我們知道世界末日已經到來》播放人數為 3749，數據包括具體的播放時間與使用者資料。
- 資訊：2016 年 6 月「英國脫歐公投」期間共有 3749 人播

放《我們知道世界末日已經到來》。

• 洞察：3749 名聽眾感到英國脫歐後就像世界末日。

Spotify 將數據變成洞察後創作了戶外大看板宣傳，標題為：

那 3749 位在英國脫歐投票當天聽了《我們知道世界末日已經到來》的人，別洩氣！

這塊看板，順利通過洞察四元素的檢驗：
1. 反映人性：人們對脫歐充滿擔憂與恐懼。
2. 普世觀念：不少人認為脫歐就像世界末日。
3. 針對目標消費群：針對比較關心時事的樂迷。
4. 與品牌匹配：用熱門歌名，與 Spotify 音樂平台相配。

將手中的數據與身邊的熱點新聞融合，便能獲得獨到的洞察。

> **想一想……**
>
> **你手中的專案可以結合什麼社會熱點成為你的洞察？**

今天音樂平台知道我們何處何時聽什麼歌，真不知道未來的數據還會包括什麼。我們會不會人人戴上一個手環或貼上一塊微小的東西，又或者只需要與終端遙感，平台便會得到我們的心跳、脈搏、眼球反應的數據，知道我們喜歡什麼，厭惡什麼，到時候會不會一切都是自動推送，不需要人參與選擇？

這些看似遙不可及的事情，可能不久之後便會變成事實。二三十年前人們認為衛星定位變為民用是天方夜譚，今天每個人的手機都有定位，無論你身在何處，正在聽什麼歌，平台都瞭若指掌。既然我們沒法穿越到未來，沒辦法預見數據會演變成什麼樣，倒不如看看眼前的定位數據，想想這些數據可以為我們帶來什麼。

看見數據問為什麼，從使用者行為獲得洞察

．．．．．．．．．．．．．．．．．．．．．．．．．．．．．．．．．．．．．．

Spotify 從使用者的定位看到以下有趣的數據：定位在百老匯音樂劇街區的某聽眾一年內共聽音樂劇《漢密爾頓》（*Hamilton*）5376 次。

這個數據太不可思議了！天天在聽，平均一天聽一部音樂劇 14 遍。這是什麼人？他為什麼這樣做？唯一可以解釋的是此人很可能在劇院工作，或者他就是劇中的演員或劇務之一。

追問一些奇特的數據，可以鍛鍊思維，同時可以獲得洞察。我們看看這條定位數據帶來什麼樣的洞察：

- 數據：定位在百老匯音樂劇街區的某聽眾一年共聽 5376 次《漢密爾頓》。
- 資料：一位身處百老匯音樂劇街區的聽眾一年共聽了 5376 次一票難求的音樂劇《漢密爾頓》。
- 洞察：該使用者很可能在音樂劇街區工作。

《漢密爾頓》是百老匯的熱門音樂劇，一票難求是客觀的事實。從洞察可以得出這位使用者很可能在劇院工作。把兩者結合起來，便能成為創意，輕鬆寫出一句好玩的文案。Spotify 以數據為本創作了戶外宣傳大看板，標題是：

那位在歌劇街區全年聽了《漢密爾頓》5376 次的人，可以幫我們買張票嗎？

這句有趣好玩的文案，來自數據中的發現與猜想，當猜想變為洞察，文案順理成章，不請自來。

讓我們看看這個戶外宣傳的四元素：

1. 反映人性：人人都覺得一個人一年聽一部歌劇 5376 次不可思議。
2. 普世觀念：大家都知道《漢密爾頓》一票難求。

3. 針對目標消費群：喜歡聽音樂劇的樂迷。

4. 與品牌匹配：用音樂劇，與 Spotify 音樂平台相配。

想一想……

從你手中的數據可以發現什麼不可思議的使用者，嘗試從他的行為中尋找洞察。

從表面現象獲得洞察

除了數據，洞察隨處可見。從微信朋友圈我們可以看到，人們熱衷分享，從早餐到晚餐，從旅遊到宅家，上班與下班，寵物跟小孩，自拍與合照，生日禮物與分手歌曲，事無大小巨細無遺，人們都希望別人知道關於自己的一切。進一步問為什麼，我們可以判斷，人們不遺餘力地分享是期望換來別人的關注與重視。

每年年底無數機構會發佈不同的總結報告：世界最令人敬仰的 100 家公司，全球最具影響力 100 人，世界十大高校，《財星》世界 500 大，年度 30 本好書等等。進一步問為什麼，我們會發現年度榜單賦予獲得感，讓人覺得一年有回報，而且榜單具備權威性，讓人感到高不可及。

每個人都喜歡分享，人人都仰望上榜的若干強，將兩種現象加起來，便可以得出這樣的洞察：榜單讓人感到強大，在社群媒體分享令人感到自己很重要。

這兩個洞察是否可以做到一加一大於二？Spotify 做到了。

每年年底 Spotify 會為你總結個人專屬音樂榜單：年度你最愛的 100 首，年度你最愛的歌手，年度你最愛的歌，年度你最愛的音樂類型，你的年度音樂時長。Spotify 還會把你的榜單免費製成專屬海報，方便你轉發。透過分享榜單，你可以贏得別人的關注，同時與更多趣味相投的人連接。你還可以輕鬆方便地重聽過去一

年你最喜愛的歌曲，使用者體驗得到提升。你的年度音樂榜單為你留下了個人音樂印記，讓你更喜歡這個平台，離不開它。

此外，Spotify 還運用數據為最受歡迎的歌手做了海報，在社群媒體上分享。例如，他們在 Marianas Trench 樂隊的臉書上發了這樣的訊息：

@spotify
2017 年你有 2637192 位粉絲。
我們算過，要把他們裝下溫布頓球場，需要 30 個晚上。

他們還將收集到的數據寄給樂隊與歌手，其中魔力紅樂隊（Maroon 5）收到 Spotify 的數據後興奮地在臉書上發了以下訊息：

61 個國家！
9100 萬粉絲！
9400 萬小時！

樂隊發布訊息後，贏得粉絲們更多的掌聲。這些用數據寫成的文案贏得無數的點讚與留言。如此一來，數據成了歌手受歡迎的證據，樂隊受到鼓舞，歌迷更加開心。

Spotify 洞察到歌手需要榮譽，需要肯定，而音樂獎項的榮譽不能輕易贏得。相比之下，歌曲達到一定的播放量，比壓倒所有競爭對手成為葛萊美最受歡迎歌手相對容易。

洞察到歌手內心的需要，給歌手和樂隊送上數據便相當於以另一種形式奉上榮譽，給他們頒獎。

數據，成為 Spotify 無須成本的獎盃，更是平台唾手可得的文案。

想一想……

看看有什麼現狀結合你手中的專案，成為你獨到的洞察？

從日常生活中獲得洞察

多年前嬌生公司（Johnson & Johnson）做了一系列短影片，宣傳它的嬰兒產品。初為父母者都有體會，小孩出生後，生活會發生巨大的改變。有了寶寶，世界好像有了新的運行軌跡，萬事萬物都依循孩子運行，一切以小孩為中心。

這些影片採用寫實手法，真實拍攝寶寶與父母在家中的生活。以下是其中 3 支影片的旁白：

- 你不是喜歡又高又帥的型男嗎？誰想到你竟然愛上這個光頭小矮個？
- 還記得你以前天天花心思打扮自己，現在，你居然整天花時間琢磨如何做怪樣、出洋相。
- 你不是說希望自己的人生是個大事件，誰會想到原來你一生的大事件居然是個小不點。

以上這些文案都基於一個洞察：有了寶寶，一切都會改變。

這個洞察一定來自一個人的體會。也許他是文案，也許是企劃人員，也許這是他自己作為父母的親身體驗，也許是他觀察到朋友或家人有了小孩後生活發生了巨大改變。對日常生活多加觀察，一定會獲得別人視而不見的洞察。這種洞察不尋常的能力，是創作的基本要求，也是當廣告文案的入場券。

我們可以看看嬌生推廣影片的四元素：

1. 反映人性：有了寶寶，一切都會改變。
2. 普世觀念：天下為人父母者皆認同小孩帶來的巨大改變。
3. 針對目標消費群：針對父母。
4. 與品牌匹配：嬰兒，符合品牌業務領域。

好洞察能立即兌現為文案。嬌生的這個洞察直接成為文案，在每條影片的結尾出現。

想一想……

從早上起來到現在，你洞察到什麼？每天記下一條你獨有
的洞察。

　　洞察是文案工作中趣味的源泉，取之不盡，用之不竭。上面
提供的僅為我對宣傳推廣類文案的一些見解，相信你定有更為深
刻的看法。

　　洞察需要動腦筋，動腦筋的事情都比較費神，費神的事情往
往比較有意思，有意思的事情絕對值得我們投入其中。

　　寫到這裡，想起布袋和尚的那首《插秧偈》，可說是看到事
物本質、最深邃的洞察：

　　　　手把青秧插滿田，
　　　　低頭便見水中天；
　　　　心地清淨方為道，
　　　　退步原來是向前。

CHAPTER
14

這是文案的好時代，
你怎能錯過？

1860 年 4 月，美國創立了「驛馬快信」（Pony Express），
這是一支由西部牛仔組成的快遞團隊，服務範圍東起密蘇里州，西至加州，
全長 2900 公里，共設 157 個驛站。
人們從東海岸的紐約將信件交給牛仔快遞，騎手相互接力，
在馬背上日夜兼程，僅需 10 天，信件即可送達西海岸的舊金山。

「驛馬快信」是當年的傳奇，人們對其快捷的服務讚歎不已，
深信世界上沒有其他郵遞方式更快更好。
可惜的是，「驛馬快信」的存在一如它的送信速度，來去如風。
次年 10 月，「驛馬快信」隨著橫跨北美大陸的電報系統完工而迅速倒閉，消失
得無影無蹤。

一個世紀以前，10 天橫跨美國東西海岸是石破天驚的速度；
現在我們再看，10 天傳遞一封信簡直是蝸牛爬行的笑話。
不知道 160 年後，人們會不會說今天的行動支付只不過是原始落後的交易方式，
而 MCN（多頻道聯播網）、UGC（使用者原創內容）、CPC（每次點擊付費
廣告）、
SEO（搜尋引擎最佳化）、SEM（搜尋引擎行銷）、CTA（商品交易顧問）、
ROI（投資報酬率）、AR（擴增實境）、AI（人工智慧）等眼下的熱詞
會不會像那些曾經風光無限的牛仔，只能在人們的記憶中獲得永生。

「這是最好的時代，這是最壞的時代；
這是智慧的年代，這是愚昧的年代；
這是信念的世紀，這是懷疑的世紀；
這是光明的季節，這是黑暗的季節；
這是希望之春，這是絕望之冬；
人們應有盡有，人們一無所有；
人們正踏上天堂之路，人們正奔向地獄之門。」
——查爾斯‧狄更斯《雙城記》

時間的流逝不僅把日子一天一天翻過，更為每個人帶來深遠的時代效應，比如歷史潮流、時代風尚、人們隨著時代改變的價值觀，為我們帶來了不同的品牌、不同的商品、不同的服務。

　　沒有一件產品、一個品牌不依託時代而存在，沒有一句文案不與時代相關。因此，理解我們身處的時代，對文案的工作至關重要。

每個人，每句話，每件物品，無不被打上時代的烙印。

想一想……

分別與 50 年代、60 年代、70 年代、80 年代、90 年代出生的人聊聊天，看看他們身上帶有什麼樣的帶烙印。

這是我們「泛」時代

　　小時候，我家的電視機放在一個高高的帶門的櫃子裡，打開木門中間帶裝飾的小鎖，將木門往兩邊輕輕拉開，電視機方露出廬山真面目，安坐其中好不威嚴，媽媽按下按鈕，電視機才隆重開播。

　　電視櫃像個神龕，電視中的一切，高高在上。節目主持人告訴大家，現在是廣告時間，於是我們都知道用高露潔牙膏刷牙能使牙齒十分潔白，可口可樂會讓我們感到無比快樂，海倫仙度絲洗髮精可以幫助穿黑外套的男士有效去除頭皮屑，令他充滿自信。

　　現在回想起來，電視機高高在上，並非偶然。

　　過去，資訊的傳播自上而下，帶有一定的權威性。廣告主說，觀眾來聽，大部分人對廣告都深信不疑。

　　廣告主把要做的事情告訴廣告公司，廣告文案將銷售訊息變成 TVC（電視廣告）的腳本與旁白，說服消費者。廣告文案的角色是廣告主與觀眾之間的仲介人。

　　廣告主付錢給電視台、報紙、雜誌，透過購買時段和版面傳播資訊。廣告為電視臺帶來經濟效益，所以電視臺精心為廣告預留了寶貴的廣而告之時間；報紙雜誌同樣靠廣告收入維持經營，因此為廣告預留了各種尺寸的版面。我們可以這樣理解，廣告是傳統媒體的預設設置。

　　電視為王的時代資訊量不大，廣告時段大家都用心觀看，都能記住廣告。而今天，資訊主要來自手機。我們天天侍弄，隨時待命，手機不可沒電，不能忘帶，更不能丟，絕不能錯過手機裡那些重要的資訊。

　　歷史上沒有一個時代像今天一樣，所有人的聲音都能被聽見，萬眾齊鳴。資訊傳播不再是自上而下，而是人傳人，以水平方式，在無邊無際的網路上傳播。例如，我們看完官方的新聞，常有朋友傳來非官方消息；看完網劇中插播的洗髮精廣告，微信裡總有朋友介紹網紅推薦的護髮新系列；加上朋友生小孩、同事

喬遷新居、家人購買新車，人人都要說話，都在評價，五花八門的資訊從四方八面而來，無休無止。

廣告主也不再高高在上，而要適應網路人傳人的水平傳播方式。於是，廠商需要找更多中間人為品牌和商品說話，說服消費者。

廣告文案也不再是廣告主唯一的選擇。網紅、明星、編劇、電商掌櫃、綜藝節目主持人，各路英雄都可以勸說人們購買商品。於是，各路英雄都成了文案，文案成了廣泛的職業。

無邊無際的網路是個開放的平台，沒有給廣告預留時間。我一直覺得廣告在網上顯得格格不入，後來才明白原來網路沒有廣告這個預設設置。因此，線上廣告成為最容易被使用者忽視的宣傳方式，因為廣告干擾人們接收資訊，令人感到厭煩。

對在廣告公司當文案的人來說，「泛」時代意味著：

1. 你不是廣告主唯一可以依託的人，很多人在跟你搶飯碗。
2. 你要擁抱改變，不能坐以待斃。
3. 你必須加強跨領域的知識與見解，刷新自我。
4. 你要善用行銷學和宣傳推廣的基本知識，看看這些知識可以如何「人傳人」。

這是文案最好的時代，也是文案最壞的時代。

5. 你需要在新領域積極探索，與跨界人才協同合作，互補所長。

想一想……

為什麼今天遍地文案？

對各路英雄新文案而言，「泛」時代意味著：

1. 你身處浪尖，需要抓住時機提高自己寫文案的能力。
2. 你需要補充行銷學和宣傳推廣的知識，夯實基本功。
3. 你需要使用簡報去思考，善於洞察。

4. 在開展任何工作之前，需要理清思路，必須知道你要說
什麼，你要對誰說，你在哪裡說，你要達成什麼目標。

5. 你需要主動思考手上的專案可以如何擴大影響力，做到
人傳人。

想一想……

———————

你是不是以為寫文案只是套句型？你需要加強哪一方面的
基礎知識？

對於希望建立個人品牌的朋友們，「泛」時代意味著：你需
要補充建立品牌的基本知識。建立個人品牌與商業品牌的道理有
無數相通的地方，值得你好好借鑒。

這是我們的「精」時代

寫作本書讓我做了許多平常做得不多的事情，包括天天上快
手、看抖音、迷 B 站，研究淘寶、京東，看各種留言、彈幕，還
有細看一些只有一面之交的朋友的朋友圈。

我深深領會到每個人都不一樣。有些人只在意省錢，圖經濟
實惠；一些人希望擺闊，出手闊綽。許多人購買圖書後的評價是
有關物流的速度、紙張的品質、字體的大小；一些人認為完美來
自一個可以調整長短的包包；更有不少人相信自我的存在源於自
身擁有的物品。

看完了這些，我知道我的看法不是他的觀點；他的心得我不
懂；我渴望的並非他心中所想；他想得到的不是我渴求的；他喜
歡藍色，我中意白色；他喜歡鑽石，我偏愛泥土。每個人都不一
樣，每個人想要的都不同。

「每個人想要的都不同」是大學問，明白這一點，才可以在社會中找到自己的位置，將文案寫好，過有尊嚴的生活。

　　我認識一位鋼琴老師，教學時聲色俱厲，從每根手指的基本功狠狠抓起，不放過任何細節。這位老師是鋼琴家，由於是藝術家，自然有藝術家脾氣，不會顧及學生的感受。只有那些認真練琴的學生才符合老師的高要求，不至於被老師罵跑。所以，這位出色老師的學生都能在音樂道路上有所收穫，有的學生考上專業音樂學院繼續深造，大部分學生都能成為業餘愛好者中的高手。

　　老師將馬馬虎虎的學生排除在外，收入自然會受影響。所以，他必須比其他老師更專業、更嚴厲，讓學生的成就更出色，確保能吸引有高水準要求的新生補上那些被淘汰掉的學生。

　　明白每個人都不一樣，不打算討好每個人，讓老師找到了自己的位置，集中精力教導符合他要求的學生，絕不會在懶學生身上浪費時間與感情。他在自己的一方領地有所成就，受到學生的尊敬與愛戴，有尊嚴而驕傲地生活著。

　　這位老師的教學之道很好地說明了行銷學中所說的瞄準目標消費群體，嚴肅的老師只收認真的學生，閒雜人等一概不理。今天，瞄準目標消費群體至關重要，因為商品太多，個人的自我意識膨脹，聰明的辦法不是當個萬人迷，而是尋找自己的一方領地，像上面的老師一樣，認準自己的市場。

　　雖然老師的學生各不相同，但也有以下共性：

- 渴望自己在音樂道路上有豐富的收穫。
- 渴望達到一定的音樂水準。
- 熱愛音樂。
- 願意天天潛心練習。

　　建立商業品牌、個人品牌，推廣商品的道理與此一樣。尊重「每個人想要的都不同」，精確瞄準市場，清晰定義，深入瞭解，透過洞察獲知目標消費群體的共性，是讓文案不難的重要途徑。

想要的少，往往收穫更多。

中國人口龐大，不需要人人都喜歡你，認準特定的一部分人對你
更有利。

對想建立個人品牌的人或商業品牌主來說，「精」時代意
味著：

1. 你必須考慮清楚你是希望全中國十多億人都喜歡你，還是
   只需要一億人？如果一億太多，那麼500萬是否剛剛好？
2. 如果500萬足夠，那麼請你集中精力去經營。收窄具體目
   標將會加大你成功的可能性。
3. 假如一下子做不到500萬，先從500開始，發展到5000
   後再到5萬，直到達成你的最終目標。
4. 如果你需要建立個人品牌，你一定要好好研究你的目標
   人群：他們到底是誰，他們幾點起床，喜歡什麼，他們
   怎樣看待生活，他們與其他人有什麼不一樣，這個群體
   有什麼共性，有什麼共同的內心嚮往。

對廣告文案來說，「精」時代意味著：

1. 你必須知道你要跟誰說話，因為只有目標清晰，你才可
   以瞭解他們，知道他們內心渴求什麼。
2. 假如客戶確認了目標是500萬使用者，我們首先要理解人
   們的共性是什麼。這些共性可以是：

   • 每個人都覺得自己遭遇不順，同時又感到自己有點
     幸運。
   • 每個人都認為今天的決定正確，又對過去的選擇懊悔。

- 沒有一個人不孤單，不覺得有壓力。
- 人人都希望睡個安穩覺，工作順利，得到別人的尊重與關心。

我們不僅要掌握這些人的共性，更需要針對特定目標小群體進行同理心思考。例如，上面提到沒有一個人不孤單，可能對媽媽這個群體來說，孤單不是最普遍的共同心理，事事操心、疲憊不堪才是她們共同的感受。你需要瞭解目標小群體，尋找他們內心的渴求，讓品牌商提供的東西滿足他們的內心所需，文案的工作才算大功告成。

對各路英雄新文案來說，「精」時代意味著：

1. 你需要清晰鎖定目標人群，知道你需要跟誰說話，他們的內心渴求什麼，然後看看產品或品牌商所提供的是否能滿足他們心中所想。

2. 同時，你要決定自己在什麼領域有所成就，然後集中精力去做。無論是你手中的項目，還是你的個人目標，都需要精準、精細，避免把精力浪費在目標以外。

把精力浪費在目標之外，等於執意求敗。

想一想⋯⋯

你希望自己在什麼領域有所成就，你打算如何集中精力達成目標？

這是我們的「快」時代

網上曾經流行木心老師的詩句：「從前的日色變得慢，車、馬、郵件都慢，一生只夠愛一個人。」今天一切都變得很快，還有誰寫信，誰坐慢車，能有多少人一生只愛一個人？傳播路徑大

大縮短，打開手機對方立現眼前，世界告別了相思，與此同時，品牌也跟現代愛情一樣，不需要「認知」。

在電視為王的時代，廣告公司的簡報中常見的目標是：提高品牌認知度。新品牌沒有人知道，所以需要透過廣告建立認知。行銷學教科書中常見的消費者路徑如下：

認知→考慮→購買

過去，廣告是品牌的導遊。消費者通過 TVC、戶外看板、報紙和雜誌廣告認識新品牌或加深品牌印象，逐漸建立信任。人們不會輕易相信從未聽說的陌生品牌，而偏向選擇在廣告中曾經見過的品牌。

過去，部分電視廣告會不厭其煩地一句廣告語說三遍，一條15 秒 TVC 連續播放兩遍，以密集式轟炸建立品牌認知度，希望成為消費者腦海中的預設設置。多年前的「送禮就送腦白金」、「恒源祥，羊羊羊」就是典型的代表。

隨著網路的發展和生產技術的進步，消費模式發生了翻天覆地的變化。一天晚上我跟廣告公司的老同事見面，我問大家現在會不會因為一個廣告而動心去購物？大家都低頭不語，避而不談。沉默說明了一切，傳統廣告所受的衝擊可想而知。

今天，人們不再需要透過 TVC 或平面媒體認識一個品牌，人們與品牌之間根本不需要認識，便可以直接交易。大家在手機上看信用，看評價，看價格，看詳情，看顏值，隨時搜尋隨時買。我們會購買一些自己從未聽說過的品牌的產品，今天的消費者對品牌不再「認生」，網上也沒有一個品牌是陌生的。無數與使用者素未謀面的人會免費在線上提供有關產品的豐富資訊，包括買家評價、網紅與各路達人的推薦，還有朋友和家人隨時為我們出謀劃策。

廣告原來起到的第一步「認知」作用，已是明日黃花。消費與傳播式的改變，使消費路徑也隨之發生變化。麥肯錫提出的新消費路徑如下圖所示：

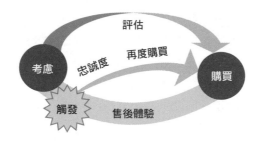

　　人們在網上搜索相關商品，考慮，同時評估，馬上購買；購買完成，收貨後評價和推薦，形成忠誠度。一切發生在瞬息之間，買東西不需要坐車到店，用不著排隊等候。買家隨時進入網上直播，與賣家直接交流，任何問題賣家即時回應。

　　假如不看直播，還可以隨時找客服，無論尺寸、顏色、物流還是退貨，客服隨時待命，立即回覆。

　　即時就是「快」，「快」的對立面是「慢」，所以不少人說，傳統廣告已死，因為傳統廣告像鴻雁傳書，太慢了。

想一想……

你的網購體驗是否符合麥肯錫提出的消費路徑，你有沒有新的見解？

　　我認為要先理清宣傳的兩個大類，才能清楚傳統廣告與非傳統廣告的利弊，以及文案在其中扮演的角色。

　　今天的宣傳分為兩大類。第一類是直銷式推廣。直銷式推廣以行動為依歸，一切能以數據量化計算。例如，你在社群媒體推廣宣傳，使用者可以直接點擊下單，帶來轉換。第二類是品牌推廣。品牌推廣以品牌文化為依歸，不能輕易計算成效。例如，你在機場高速公路旁做了一塊戶外大看板，希望人們記住廣告中迷人的女子和香水品牌，這塊看板上沒有 QR Code，不能點擊下單

世界就在你手中，
一切就在今天，
今天不如上午，
上午不如馬上，
馬上不如立刻。

轉換，廣告效果不能馬上顯現。

直銷式推廣為商家及時帶來清晰可見的數據，使用者即時下單，效果立竿見影，因此愈來愈受歡迎。品牌推廣是慢火燉老湯，需要時間和資金投入，不能即時見效。

如今品牌推廣的比例明顯變小，可是它不會消失，最關鍵的原因是品牌推廣能為品牌增加溢價能力。我們看看蘋果手機在世界上眾多城市的超大戶外廣告，以及名牌時裝和高級護膚品占據全球機場的大看板，便知道這些品牌廣告的效果非直銷類推廣可以替代。

品牌推廣幫助這些品牌創造了超乎商品實用功能的價值，勾起使用者內心的嚮往，讓人們甘心付出更高昂的價錢獲取廣告賦予的形象和地位。

兩者的區別顯而易見，卻又常常被人們忽視，結果導致各種混亂和困惑。在「快」時代中，「慢」有它的理由，更有其獨特的價值。

想一想……

你手上的工作是直銷類文案還是品牌推廣文案？兩者的區別在什麼地方？

對廣告文案來說，「快」時代意味著：

1. 你需要創作更多的內容，產生更多的宣傳推廣想法。
2. 你必須分辨清楚直銷式推廣和品牌推廣的差異，幫助客戶理清思路。分不清兩者的差別，很容易造成在品牌宣傳中做直銷宣傳的事，而在處理直銷宣傳的時候內心抗拒，覺得沒意思。
3. 建立品牌需要客戶的投資，需要時間、耐心、持之以恆。假如客戶沒有做品牌推廣的打算，請接受客觀的現實。

4. 假如客戶只希望做可計算成效的直銷式推廣，你要知道什麼數據將被計算。必須研究借鑒那些銷量好、評價高的產品如何達成出色銷量，它們的文案有什麼值得學習的地方。向同類或相鄰的品類學習，寫咖啡的文案可以參看小資生活用品，寫宮廷睡衣的文案可研究香水的成功例子。

對各路英雄新文案來說，「快」時代意味著：

1. 你不僅要「快」，更要「準」。不單要做到靈活快捷，同時要明確知道傳播的目的、精準的消費對象、傳播的核心訊息。

2. 加強自己對品牌宣傳推廣的認識，將你的心得應用在直銷類的宣傳推廣之中，更能為日後的品牌推廣工作做好準備。

對要建立個人品牌的人或商業品牌主來說，「快」時代意味著：

1. 要掌握速度，在每個環節盡力做到即時反應，敏捷及時。

2. 你需要區分品牌推廣與直銷推廣的區別。例如，在一支短短數秒的品牌 TVC 中，不應該羅列各種功能點，因為這是直銷推廣的做法。

3. 請分配好你對品牌推廣和直銷式推廣的投入比例。你的時間、精力、金錢和情感都有限，必須用得明智，避免浪費資源。

> 什麼都想有，什麼都想要，最後可能什麼都沒有，什麼都得不到。

4. 必須明白品牌建設需要時間和金錢的投入，假如你沒有耐心，目前只能著眼短期收益，不如乾脆不做品牌宣傳。

這是你的時代

我們身處一個「超個體」時代，每個人都熱情發聲，每個人的聲音都能被聽見，每個人的存在都被知曉。今天是每個人的時代，更是你的時代，你要成就什麼，世界等著你。

CHAPTER
15

親測有效，
好文案都源於好簡報

寫文案，跟日常生活中的很多道理相通，
其中最重要的一條是沒有清晰的開始，只會帶來無奈的結局。

清晰的開始來自清楚自己為什麼要做這項工作，
要對誰說話，要解什麼題，要達到什麼目的，有多少預算，
有沒有什麼雷區要避免，是否有某些要素必須體現。

清晰的開始來自一個遙遠的名詞：簡報。

「不給腦子除草，思維便成一團亂麻。」

———賀瑞斯・沃波爾

今天，「簡報」變得古老而陌生，其中一個原因是大家習慣了含糊。含含糊糊地開始工作，然後不停重工，不斷增添原來沒有提出的要求，加入從來沒有參與專案的各色人等，在一片混亂中加班、延長工時，最後人仰馬翻。

　　如果你面對的是這樣的狀況，唯一的方法是改變。改變習以為常的「模糊」，從一份清晰的簡報開始。

　　清晰的開始有多重要，可以從我個人的經歷說起。我在奧美的時候經常出國參加國際客戶的比稿。核心的創意人員大概五到六名，一般是在比稿前一個月左右從世界各地抵達某個城市的辦公室，然後並肩作戰。大家都是提前一天到達，第二天清早由業務與企劃人員詳細介紹專案，把寫好的簡報交到創意人員手中，然後大家開工，群策群力。

　　我曾參與一次國際物流公司的超級比稿。負責這個專案的是該公司的副總裁。上午 9 點，所有創意人員準時到達創意部的沙發區，聽副總裁與大家分享簡報內容。

　　這份簡報寫得不清晰，對使用者觀感的描述含糊其詞。該專案的創意主管很直率，直接對副總裁說：「這份簡報沒寫好，

尤其不清楚到底要跟誰說，他們的痛點究竟是什麼。請你回去與團隊重新思考，明天早上我們再開會好了。吃垃圾，只會吐垃圾（Garbage in Garbage Out）。」

這一幕給我留下很深刻的印象。「吃垃圾，只會吐垃圾」這個說法可以說相當貼切。接受含糊，容許垃圾，得到的文案除了垃圾還能有別的嗎？

第二天早上，副總裁將使用者明確瞄準為中小企業主，痛點是他們對拓展海外業務的恐懼與心理障礙，新簡報還附上了不少訪談摘要，幫助大家理解。那天早上，我們一起討論了三個小時，大家認真質疑、論證、爭辯、和解，最終得出了一份方向清晰、能激發靈感的好簡報。

清晰的開始帶來了好結果，我們順利拿下了大客戶。這段經歷給我很大的啟發：

- 創意負責人對不清晰的簡報說「不」，源於對人對己的責任以及專業的工作態度。要獲得清晰，我們必須拒絕含糊，於己於人，要求一致。
- 副總裁與他的團隊用了一天時間重新整理簡報，節省了整個團隊更多的時間，避免了不清晰帶來的無窮禍害。所以，開始的時候多花一點時間理清頭緒，會換來更高的效率。

不清晰的溝通是雜訊，不但影響別人，也傷害自己。

- 以專業對專業，對事不對人。這個過程中雖有不快，可是專業的不快比人情的愉快更有價值，因為前者促進大家進步，最終結果完美；後者得過且過，妨礙業務發展。

想一想……

有沒有對「不清晰」聽之任之？

含含糊糊害人害己

很多人好像已經習慣了客戶和同事含糊不清的工作要求。舉個例子，某某牌吸塵機器人需要製作一支 15 秒的宣傳影片。簡報內容要求涵蓋各種功能，其中包括黑科技導航系統、高級鏡面螢幕、智慧補漏續掃、控制滲水保護地板，同時要展現現代家居生活，影片要有吸引力，帶互動性，有效為「雙十一」導流量。

人們習慣對這類工作要求照單全收，結果文案的工作只是將各項要求排序，大家討論的內容只是該用什麼樣的視覺效果來處理這份沒有重點的大雜燴，什麼要點必須出現，什麼要點要以字幕交代，什麼要點要用畫外音。這種典型的「無重點」工作模式，大家都適應了，人人麻木地應付。文案默默接受這樣的工作要求，只會導致以下結果：

- 群體默許的含糊阻礙了文案專業水準的提高。
- 文案漸漸變得只會按方抓藥，思維被動。
- 文案對工作失去熱忱，沒有成就感，不滿足，不快樂。

問題的表現形式是缺乏清晰的思維和明確的方向，源頭是許多人不願意認真思考。不少人說簡報只是一份表格，他們這樣評價簡報：「簡報只是流程，多此一舉。」、「提出工作單，把稿子的尺寸說清楚，把影片長短說明白就可以了。」

簡報不是填表，而是發問。簡報給出的往往不是完美的答案，而是深刻的提問，清晰地拋出問題，提供方向，引導文案去思考。輕視簡報，文案將失去尊嚴和工作樂趣，甚至會感覺工作艱難。

在工作開始前弄清楚需要做什麼，關係到文案自身的發展及身心健康。因此，簡報不是一紙公文，不是表格，不是形式，而是幫助我們理清思維、高效工作、獲得滿足感的工具。

不要因別人的含糊而影響你的清晰，要用你的清晰去理清別人的含糊。

好簡報不簡單

清晰的簡報能夠幫助文案掌握好以下關鍵點：

1. 生意目標

好簡報鼓勵我們深入瞭解客戶的生意，知道其生意目標和市場機會。不清楚客戶的生意，是沒辦法確定傳播的目的的，也就是說，文案不清楚自己為何而寫，要寫什麼。

2. 使用者觀感

好簡報鼓勵我們思考使用者目前對品牌的觀感是什麼，我們期望使用者得到的觀感又是什麼，會遇到什麼障礙，可以如何清除這些障礙。

3. 傳播框架

透過什麼管道，利用什麼時機，能有效觸達使用者？傳播的每一階段，應該起到什麼作用？

4. 解決方案

好簡報是指南針，為我們提供方向，讓我們知道要解的是什麼題，並啟發我們如何解題。

5. 效果評估

專案結束後，我們需要進行客觀評估。衡量項目效果的關鍵標準是什麼，是具體的下單數字，還是別的數據或其他指標？

好簡報幫助文案思考以上這些重要的問題，使我們在工作中思路清晰，知道自己需要說什麼，這樣才能說得準確，說得精妙，才可以天天進步。

在行動中思考，
在思考中行動。

想一想⋯⋯

你有沒有經歷過一招錯，滿盤輸？應該如何避免？

簡報的核心是發問。發問是思考之始。一切「沒問題」往往是「大問題」，不發問是世界上最愚蠢、最懶惰的事情之一。

與其抱怨沒有簡報或者簡報不清晰，不如主動發問，尋找答案。

如果你是孤軍奮戰，沒有其他人幫忙，不如自己主動聯繫客戶，跟客戶討論簡報範本上的問題，尋找清晰的方向。

工作開始之前，爭取與客戶直接溝通。首選面談，影片或見面均可，如果客戶沒有時間，也要通個電話。聽聽客戶講自己的業務，用心聆聽他們的難題與需求，這樣做比看別人給你的二手資料來得更好。吃別人嚼過的饅沒有滋味，而且不衛生。

現場聆聽與提問，既直接又直觀，可以隨時調整已定的方向，讓事情落實得清晰與準確，還可以讓客戶感受你的用心，知道你在乎他的業務，真心誠意地為他解決問題，從而建立雙方的信任。

此外，必須瞭解商品。將商品樣本放在自己的眼前，去品嘗、去試用、去感受。

將使用者畫像具體化。他是誰？他多大？他過著怎樣的生活？他的內心渴望什麼？他有什麼煩惱？你的商品和品牌可以如何幫助他，改善他的現狀？

人們經常用電燈泡的圖像代表創意想法，這讓我想起電燈的發明人愛迪生曾經說過：「5% 的人思考，10% 的人以為自己在思考，85% 的人死也不思考。」寫好文案，需要成為前面的 15%。以下是供大家發問與思考的簡報範本，祝大家思考愉快。

廣告推廣簡報範本

品牌	客戶的品牌
產品	產品名稱
此項工作的任務是什麼	清晰扼要地說明此項工作的目的
有效的傳播結果是什麼	客戶對專案的 KPI（關鍵績效指標）是什麼？客戶是希望擴大市場占有率還是開拓新市場？
工作單號	
日期	
爲什麼要寫這份簡報	這項工作的啓動原因到底是什麼？是新產品上市，還是改良配方，抑或是旺季促銷？
目標消費對象是誰	用戶畫像是怎樣的？請具體去想。他是誰？他多大？他過著怎樣的生活？他內心的需求是什麼？他穿什麼衣服？他吃什麼午餐？他愛聽什麼歌曲？他的口頭禪是什麼？ 他擔心什麼？他嚮往什麼？……
我們期望目標消費對象做什麼	透過這次推廣，我們期望他的腦海中浮現怎樣的產品或品牌？我們希望他有什麼行動？
我們需要傳播什麼訊息	什麼訊息能將產品或品牌與消費者建立關聯？
產品資料與功能如何能讓人們知曉資訊	請看看有什麼產品功能點可以說服使用者
產品或品牌的情感資產如何能讓人們感覺訊息	產品或品牌是否具備情感資產，這些資產是否可以幫助說服使用者？
媒體管道	消費者在生活中會接觸哪些媒體，我們的訊息在什麼管道傳達最有效？

背景資料	是否有相關產品或行銷的補充資料可以讓文案對項目加深理解？有沒有一首流行歌、一部網劇可以啟發創意與文案？
必要元素	有沒有一些元素是必須的，如企業 Logo 及口號等
業務負責人	業務負責人名字
企畫負責人	企畫負責人名字
創意工作時間表	請合理安排時間
提案日期	請提早安排
方案總預算	請與客戶協商總預算範圍
製作預算	請與客戶協商製作預算，避免因不清楚預算而提出不切實際的想法

廣告推廣簡報範本範例

品牌	CDE 日化
產品	EFG 牌洗髮護髮露
此項工作的任務是什麼	促使女性嘗試使用新上市的 EFG 牌洗髮護髮露
有效的傳播結果是什麼	1. 傳播引起轟動。 2. 讓女性願意嘗試新的 EFG 牌洗髮護髮系列
工作單號	A12345
日期	2023.3.23
為什麼要寫這份簡報	EFG 牌洗髮護髮露含有一種修護因子，專門解決因經常染髮而導致髮質乾枯的問題。CDE 日化希望透過這次宣傳推廣，以 EFG 牌洗髮護髮露全面占領因染髮而發質受損的消費者市場。
目標消費對象是誰	經常染髮的女性，尤其是一兩個月就需要染一次白髮的女性。數據表明，由於生活壓力增大，近年來染白髮的女性年齡從 40 歲提前到 32 歲。她們知道長期染髮會令髮質受損，可是為了外表，不得不經常染髮。對於這種難以避免的傷害，她們感到很無奈。
我們期望目標消費對象做什麼	我們期望她們知道染髮不會再傷頭髮，EFG 牌洗髮護髮露可以幫助她們。
我們需要傳播什麼訊息	EFG 牌洗髮護髮露，保護染後受損發質。
產品資料與功能如何能讓人們知曉資訊	EFG 專利技術，為染髮秀髮提供： · 2 倍修護 · 1.5 倍保濕 · 1.5 倍柔順

產品或品牌的情感資產如何能讓人們感覺訊息	CDE 日化的品牌主張是從頭開心。染髮的女性是積極的女性，因為她們在乎外表，希望在他人面前呈現光彩的一面。EFG 洗髮護髮露宣導女性這種積極向上的樂觀精神。
媒體管道	全方位線上推廣
背景資料	產品技術資料見附件
必要元素	品牌樂觀快樂、積極向上的調性
業務負責人	李開心
企劃負責人	黃歡喜
創意工作時間	時間表見附件
提案日期	2023.4.8
方案總預算	400 萬元
製作預算	70 萬元以內

　　如果大家寫的是電商廣告文案，可能會認為上面的範本不切實際。客戶不會給那麼詳盡的資料，只能靠自己寫，寫出什麼就是什麼。你甚至會說，每天早上收到工作安排，中午前就要交件；今天下達比稿的通知，明天或後天就要交方案，怎麼可能完成？！

　　我建議你安靜下來，花半小時去思考簡報中的問題。你也可以把簡報範本寄給客戶，大家討論後，安靜地深入思考。花點時間思考，能為你省下大量反覆修改的時間。

下面是線上互動方案的簡報範本。

線上互動方案簡報範本

品牌	
產品	
為什麼要寫這份簡報	A 點是什麼？即品牌或產品目前的情況如何？遇到的難題是什麼？ B 點是什麼？即此項工作完成後，我們期望得到怎樣的結果？
品牌洞察	品牌或產品有什麼物理特點？品牌或產品有什麼情感資產？
消費者畫像	為消費者描繪一張畫像：他多大？長什麼樣？他的生活狀態如何？他的價值觀是什麼？消費者族群中有沒有領頭羊或意見領袖？他們有什麼觀點與品牌或產品相關？
消費者生活洞察	洞察消費者的生活與品牌或產品之間的關係
社會文化洞察	洞察社會思潮、文化取向與品牌或產品之間的關係
品牌行動	品牌可以為消費者做些什麼？為消費者帶來什麼？
品牌領地	與相關的消費者溝通，我們應該採用什麼管道？
傳播訊息	我們希望透過互動方案傳遞什麼訊息？
我們希望人們的行為做出怎樣的改變	我們希望人們做什麼？如果我們希望人們增加購買率，那麼我們要問何時購買，為何購買？
提案日期	
方案總預算	
必要元素	

線上互動方案簡報範本範例

品牌	JQK	
產品	健康低糖奶茶	
爲什麼要寫這份簡報？	A 點是什麼？出發點在哪兒？出發點有什麼？	這是一款低糖、不發胖的奶茶，目前市面上沒有同類產品。
	B 點是什麼？終點在哪兒？終點有什麼？	占據低糖奶茶市場占有率，成爲低糖奶茶的銷售冠軍。
品牌洞察	品牌或產品有什麼物理特點？品牌或產品有沒有情感資產？	產品採用健康代糖，保持奶茶的濃香與甜度。JQK 品牌過去沒有品牌口號及宣傳，品牌沒有情感資產。
消費者畫像	爲消費者描繪一張畫像：他多大？長什麼樣？他的生活狀態如何？他的價值觀是什麼？消費者族群裡有沒有領頭羊或意見領袖？	白領女生喜歡叫外賣，喜歡享用下午茶，可是又怕發胖。一想到發胖，她們寧可不吃不喝。
消費者生活洞察	洞察消費者的生活與品牌或產品之間的關係	愈來愈多白領下班後去健身，參加瑜珈班。她們關注自己的身心健康。白領女生都怕胖，因爲怕胖而節食減肥。
社會文化洞察	洞察社會思潮、文化取向與品牌或產品之間的關係	休息，工作，再工作。喝下午茶歇一歇是好事，可是人人都怕胖，人人都想減肥。
品牌行動	品牌可以爲消費者做些什麼？爲消費者帶來什麼？	JQK 低糖健康奶茶宣導辦公室健康新活法，讓消費者在下午茶時段好好歇歇，享用不發胖的奶茶。

品牌領地	與相關的消費者溝通，我們應該採用什麼管道？	健身房、瑜珈 App、微博瑜珈大 V、辦公樓電梯、JQK 奶茶杯子等。
傳播資訊	我們希望透過互動方案傳遞什麼資訊？	JQK 低糖健康奶茶，宣導辦公室健康新活法。
我們希望人們的行為做出怎樣的改變？	我們希望人們做什麼？如果我們希望人們增加購買率，那麼我們要問何時購買，為何購買？	我們希望白領女生每天下午 3 點歇一會，做 5 分鐘簡約瑜珈、冥想呼吸，喝杯 JQK 低糖健康奶茶，享受健康新活法。
提案日期	2023.4.26	
方案總預算	與客戶商議中	
必要元素	品牌 Logo	

下面是電商文案簡報範本。

電商文案範本

品牌	
產品	
為什麼要寫這份簡報？	A 點是什麼？即品牌／商品目前的情況如何？遇到的難題是什麼？ B 點是什麼？即這份工作完成後，我們期望得到怎樣的結果？
品牌洞察	品牌或產品有什麼物理上的數據與功能能讓人們知曉資訊，這些資訊為消費者帶來什麼利益點？
品牌或產品有什麼感情資產能讓人們感覺訊息？	品牌或產品有沒有情感資產能讓人們加深對產品利益點的認識？
消費者畫像	為消費者描繪一張畫像：他多大？長什麼樣？他的生活狀態如何？他的價值觀是什麼？……
消費者生活洞察	洞察消費者的生活與品牌或產品之間的關係。他們的生活、嚮往和價值觀與品牌或產品之間存在何種關聯？他們對生活有什麼感受或觀點與品牌或產品相關？
社會文化洞察	洞察社會思潮、文化取向。有沒有什麼與品牌或產品相關？
傳播訊息	我們需要傳遞什麼訊息？
提案日期	
方案總預算	
必要元素	

電商文案簡報範本範例

品牌	Andante	
產品	薄款圍巾	
爲什麼要寫這份簡報？	A 點是什麼？即品牌／商品目前的情況如何？遇到的難題是什麼？	天氣太熱了，春夏薄款圍巾銷量不理想，所以客戶同意將薄款圍巾作爲秋天的宣傳重點。
	B 點是什麼？即這份工作完成後，我們期望得到怎樣的結果？	期望透過線上售出 70% 的存貨，餘下在門市出售。
品牌洞察	品牌或產品有什麼物理上的數據與功能能讓人們知曉資訊，這些資訊爲消費者帶來什麼利益點？	眞絲與犛牛絨混紡，100% 天然，純手工編織。
品牌或產品有什麼感情資產能讓人們感覺訊息？	品牌或產品有沒有情感資產能讓人們加深對產品利益點的認識？	犛牛絨源自靑藏高原，充滿高原的自然氣息。產品由靑藏高原的藏族牧民工匠手工編織，以光陰織造。
消費者畫像	爲消費者描繪一張畫像：他多大？長什麼樣？他的生活狀態如何？他的價值觀是什麼？……	她們大部分是 28 ～ 40 歲的女性，職業女性居多，收入高，見多識廣，願意花錢，對生活品質有高要求。
消費者生活洞察	洞察消費者的生活與品牌或產品之間的關係。他們的生活、嚮往和價值觀與品牌或產品之間存在何種關聯？他們對生活有什麼感受或觀點與品牌或產品相關？	她們欣賞限量生產的純手工服飾。喜歡旅遊，嚮往歐洲名牌。

社會文化洞察	洞察社會思潮、文化取向。有沒有什麼與品牌或產品相關？	女性對國外名牌的嚮往，Andante 過去為歐洲國際名牌代工。
傳播資訊	我們需要傳遞什麼資訊？	以歐洲客戶對 Andante 薄款圍巾的正面評價為宣傳重點。突出 Andante 獨一無二的高原氣息以及手工編織的特點。
提案日期	2023. 4. 23	
必要元素	附件中的新產品照片	

CHAPTER
16

專業影片製作須知，
20 分鐘即學會

我剛進廣告行業的時候，拍影片是件大事。
前輩帶我到片場，這樣跟我說：
「一不能隨便提意見；二必須根據分鏡頭腳本，記下每個鏡頭的特點，
進入後期剪片時前後比較；三代表公司監督拍片是件嚴肅的事，
必須全神貫注認真工作。一部廣告片是無數人同心協作的成果，
客戶付出大量金錢，絕不能掉以輕心。」

今天的影片數量如排山倒海，拍片也不像以前那麼嚴肅，
然而，專業宣傳影片製作的原則並沒有改變。
無論是 B 站宣傳度很廣的《後浪》、《入海》，
還是後來的快手宣傳片《自己的英雄》，
都遵循著本章提到的基本原則。

「你要讓他們開心又滿足，就像讓他們剛逃出惡夢一樣。」

———希區柯克

影片製作是個廣泛的題目。影片有不同的種類，不同影片有不一樣的製作過程，這裡跟大家分享的是專業宣傳影片製作的一些關鍵原則，不涉及 UGC（使用者原創內容）的個人短影片製作。在談及原則之前，首先讓我們瞭解一下目前的宣傳影片有哪些類型。

　　1. 產品示範影片

　　產品示範影片常見於電商平台，傳統電視廣告中也有其身影。產品示範的前身是街頭叫賣，近代可對照「產品英雄（Product as Hero）」電視廣告，一般的手法是以產品為主角講述其功能或特色。例如，某蒸餾水經過 18 層過濾，去頭皮屑洗髮精廣告中的「左邊有頭屑，右邊沒頭屑」片段，肌肉關節止痛膏以動畫展示藥物直達疼痛點，迅速滲透。這些都屬於產品示範。今天，電商店主或網紅以直播示範商品的功能或特點，同樣屬於示範影片。

　　2. 電視廣告

　　電視廣告是過去大家最熟悉的宣傳形式，今天也仍是各平台收入的重要來源之一。現在我們透過手機螢幕看電視廣告，終端雖然不再是電視機，但其形式仍為插播，是干擾性傳播。雖然無

數人提出電視廣告終將被淘汰，但是今天的電視廣告數量依然不少，不少廣告製作公司依然忙得熱火朝天。我認為事情總有它自己的節奏，哪怕固定時長的短秒數電視廣告被淘汰，利用影片宣傳產品和品牌依然是主流的宣傳手法。

3. 長影片與微電影

顧名思義，長影片以時間來衡量，一種定義是超過傳統電視廣告的宣傳影片都稱作長影片；另一種說法是乾脆不叫長影片，只要不是電視廣告都統稱為影片。

微電影一般具備情節與故事，時長不限，以受眾的接受度為準。

4. 動畫

動畫的形式猶如動畫本身一樣豐富，包括：

- 2D 動畫：通常在 2D 的平面空間模擬真實 3D 空間的效果，如經典動畫《貓和老鼠》。
- 3D 動畫：以電腦軟硬體技術完成。《玩具總動員》是世界上最早的電腦 3D 動畫，此後 3D 技術一直廣泛應用在電影、電視劇及廣告的特效製作中，製造光效、煙霧、圖形、場景及各類角色。
- 動畫訊息圖像：這種形式是將平面設計與動畫結合，在視覺表現上使用平面設計的規則，在技術上使用動畫製作手段。
- 定格動畫：透過逐格拍攝然後連續放映，讓畫面中的事物充滿生命力。
- 白板手繪動畫：集中動漫、簡筆速寫畫的手繪元素，添加圖片、旁白、文字和音樂的動畫影片。
- 實拍與動畫結合：將真實拍攝的素材與動畫結合完成，音樂短片、廣告與電影經常採用。

影片的形式數不勝數，常見的還有讓人們身臨其境，從畫面中的每個角度體驗一處地方或一場活動的 360 度影片。例如，汽

車品牌可以採用這種全角度手法，以「帶你去南極」宣傳果敢冒險的精神；服裝或飲料可以通過舉辦線上 360 度影片演唱會，邀請無數粉絲參加品牌或新產品宣傳。

今天大部分影片仍以實拍方式進行。實拍可以是戶外搭景、戶外實景，也可以在攝影棚拍攝；有的請模特或演員，有的用素人，具體由片子的內容、預算、時間及需求決定。假如要繼續分類還有更多形式，比如證言、病毒影片、案例影片等。

隨著科技的進步，宣傳影片必將呈現出更多新奇有趣的手法。然而，製作影片的基本原則不變，以下為其中的關鍵。

文案要有時間觀念

時間是商業類影片推廣的幕後主人，任何形式都要對它俯首貼耳。我們必須遵循影片本身的時長，重視製作週期。時間對每一個人都是公平的，對每支影片也一樣。

文案構思影片時必須具備時間觀念，必須在一定時長內完成傳遞品牌或商品的訊息。

如果你手上是一篇激動人心的品牌宣傳文案，那麼這篇文案的字數是決定影片長短的關鍵因素。寫好之後先念一下看看長短，大原則是宜短不宜長，因為需要給畫面留下足夠的演繹時間。

以文字形式寫下的腳本，最終是以電影語言實現的。文字是文字，電影語言超越文字，聲畫具備，兩者的時間運行軌跡完全不同。

我們在影片腳本上寫下「女孩笑了」，閱讀這四個字，一眼便看完了。可是，在鏡頭前要表現一位女孩笑了，她臉部的表情會變化，姿勢會變化，一切的動態都需要耗費時間。假如女孩笑後轉身回頭，可能要用上三至四秒；回頭後，如果女孩與男孩四目相對，你想想這需要多長時間？

表現產品道理相同。寫下「尾鏡見一瓶護膚精華液放在泳池邊」。我們需要考慮畫面中會不會有水花濺起，是否需要旁白配

合，有沒有字幕，字幕需要停留多長時間，旁白有多少字，需要多長時間才能念完。

電視廣告對時間的限制最為嚴苛。以前是 30 秒為主，15 秒為輔；今天是 15 秒、7.5 秒和 5 秒為普遍時長，30 秒的電視廣告愈來愈少見。

15 秒轉瞬即逝，算上產品特寫、品牌 Logo，可用的時間只有大概 10 秒，所以不可能出現複雜的情節。7.5 秒和 5 秒，兩到三個鏡頭，一句旁白就結束了。30 秒的電視廣告可以稍有餘地營造情節上的轉折，假如需要表現產品，時間也所剩無幾。如果你需要構思電視廣告，必須慎重考慮時間的限制。

此外，鏡頭與鏡頭之間需要過渡，鏡頭從遠到近，從左到右，每一次移動，每一回交接都需要時間。

產品影片、動畫等任何形式的推廣影片道理相通，今天已經沒有人有耐心去看冗長無趣的內容。

時間對所有形式的推廣影片一視同仁，絕不偏心。假如文案沒有考慮時間因素而寫出超時長腳本，只會浪費人力物力，最後有失專業水準。常見的情況是客戶通過了超時長腳本，製作公司進行報價，導演提出拍攝方案後，大家才意識到腳本超時無法執行，最後急急忙忙討論應變方案，草草了事。

綜上所述，製作影片時，在時間方面要注意：

- 按照一般語速，念 7 個字需要兩秒。字數需要配合畫面來考慮，必須預留足夠的時間調整語氣或過渡，切忌從頭說到尾。
- 除非劇情需要，否則必須言簡意賅，避免長篇大論。
- 感情需要時間醞釀。假如影片與情感相關，必須保證預留足夠時間以充分表達情感。
- 切勿因時間不夠而盲目使用快切鏡頭。頻繁的快切鏡頭適用於快節奏的剪輯效果，如果片子不適合快切而礙於時間不夠勉強快切，效果一定大打折扣。
- 如果對品質稍有要求，請嚴格管理時間，在前期做好充足

漠視時間，最後要賠上更多時間。

的準備工作。

- 某些種類的影片需要更長的製作週期，例如精緻的 3D 動畫、實拍與動畫結合的影片，文案在構思的時候必須補充相關知識，切忌想當然。

簡潔是智慧的靈魂，冗長是乏味的枝葉。

找好製作團隊對你大有好處

手機和軟體方便人們輕鬆拍攝和剪輯，市面上有不少關於這方面的內容，故不在這裡多加討論。假如你需要找製作團隊，以下提供一些參考意見：

- 影片製作方的水準對影片的品質起到關鍵作用。一旦定好製作團隊，拍出來的片子大概是什麼樣子，基本上已有答案。
- 挑選製作團隊需要看導演的作品集，瞭解導演的水準、擅長的風格。大部分導演都有自己擅長的領域，有的拿手感情戲，有的擅長特效，還有一些導演對畫面構成有過人的功夫，請按照你的需求進行篩選。
- 好導演需要具備多方面的優秀素質，例如對概念的理解、對電影語言的掌握、對鏡頭的運用、剪輯技巧、在音樂和畫面構成等方面的修養。如果文案本身對電影語言有一定認識，看作品便能輕易判斷導演的水準。
- 如果預算足夠，可要求製作公司提供優秀的攝影師和相關的工作人員，如食品造型師、服裝師、道具師、作曲家等。
- 導演與製作團隊並非愈貴愈好，而是以合適為好。合適的定義是在既有的預算中，尋找最適合製作該影片的團隊。
- 找到合適的製作團隊，做好一切準備工作，那種狀態就好像還沒有開拍，片子已經勝利完成了一半。

找對的人，就能做對的事。

做好前期準備工作

傑出的製作團隊在前期會完成大量的工作,對場景、人物、服裝、鏡頭、拍攝日程有充分的準備及周密的安排。

拍攝前製作方、創意及文案必須與客戶溝通清楚所有細節,在拍攝前期會議中取得共識。會議的內容包括分鏡腳本、演員、服裝、道具、場景、音樂、拍攝與後期的時間安排,還有拍攝所需的產品數量與具體要求等相關細節。

由於大部分影片拍攝的勞務、場景與攝影器材費用按天收費,影片拍攝有固定的天數限制,所以請儘早提出各種要求並準備好一切,不要在拍攝現場浪費時間。

拍攝時必須根據會議達成的共識進行,不能臨時翻案。這不單是專業問題,更是道德問題。

簡單的產品拍攝,同樣需要事先做好充分準備,要做到有備無患。缺乏充足的準備與前期的溝通,往往會導致低效率、長時間通宵工作,甚至出現漏掉鏡頭的情況。

文案需要在整個拍攝過程中認真監督。假如經驗不足,需要開放心態,聽取製作團隊的專業意見。

沒有做好準備,只好為失敗做好準備。

製作必須有備無患。「有」可以變「沒有」;如果「沒有」,不能變成「有」。

知道預算,一切有打算

10 萬元的製作費與 100 萬元的製作費可以實現的創意不可同日而語。作為文案,需要對製作費用具備基本的概念。不知道客戶的預算而盲目開始發想,到頭來想出來的創意愈好,你會愈失落。

假設你手中的專案是關於汽車的,你構思的影片是一群外太空入侵者在雪山追逐一名男子,歷經險阻,男子上了某某品牌跑車,成功躲過入侵者的攻擊。你花了很長時間寫好故事,到了提案當天客戶才透露預算不能超過 10 萬元,而且要求必須實拍,不接受手繪或動漫形式,任何文案都可能當場崩潰。

前期創作花掉不少時間，結果卻因為客戶預算太少不能如願實現，文案難免心生抵觸，最後不得不在悲痛中繼續前進。前期沒有與客戶溝通清楚費用，白白浪費自己和大家的感情與時間，這種故事天天在上演。

所以，在專案開展之前，請與客戶溝通清楚預算。如果客戶沒有任何概念，不妨到廣告影片平台找一些影片給客戶參考，瞭解對方的期望值。也可以透過平台聯繫導演或製作公司，詢問相關片子的粗略報價。帶著這些參考價位，約見客戶，說明對方定下預算。

最理想的預算
——永遠不要超出預算。

確定調性

個性鮮明的人會給人留下深刻的印象，影片同樣需要清晰調性。為影片寫下形容詞，等於為影片定下了基調和人設。甚調清晰，客戶與製作方都會得到明確的方向，對大框架達成共識。

作為文案，在製作影片之前，要想好人設，設定影片的調性。你手上的影片是幽默風趣的還是溫暖感人的，是輕鬆的還是權威的，片子的節奏是明快的還是舒緩的，這些都要在製作前考慮清楚。

一支幽默風趣的影片，需要用心著力去表現幽默的點子。假如期望影片溫暖感人，我們就要考慮如何用對話、旁白、情節、鏡頭、音樂、場景去營造感人的氣氛。假如片子的調性是溫暖感人，除非劇情有特殊要求，否則我們不能挑選一首節奏超強勁的音樂。同理，製作影片時的各種道具、服裝、場景、燈光，都應該根據人設來確定，任何人都不應忽視調性，也不能隨個人喜好挑選。

沒有鮮明的個性，人就像掉進茫茫人海中，無影無蹤。

心中無別物，只有觀景窗

影片的畫面呈現在觀景窗內，而不在拍攝現場。無論場景如何富麗堂皇，道具多麼精巧瑰麗，只會在觀景窗中體現。所以，請集中精力看觀景窗。

文案在監督拍攝的時候必須注意觀景窗內的畫面，不在觀景窗中的事物均不是重點。例如，畫面只呈現一張小茶几，茶几邊上有一盆花在觀景窗外，這花是紅的還是黃的，是面向鏡頭還是背著鏡頭，都無關緊要。

許多經驗不足的新導演喜歡在觀景窗外做文章，花大量時間來處理不在鏡頭中的事物，這樣只會消耗自己的精力，浪費別人的金錢。

請勿浪費時間去趕走鏡頭外的那隻螞蟻。

一些製作團隊喜歡花時間營造大場景來討好沒有拍攝經驗的客戶，實際能用上的只是其中一個角落。建議大家多加注意，避免浪費客戶的資金與大家的時間。

不圍繞核心訊息必定瞎忙

提煉核心訊息是策略思考，表現核心訊息是創意功夫。構思任何影片腳本文案，最重要的是定義核心訊息，一切圍繞核心訊息構思和執行。

電商平台的產品影片看似簡單，也必須弄清楚訊息的主次。將主要的訊息放置在前，次要的放在後。假如時間與預算允許，先準備影片腳本，列清楚每個鏡頭的內容；如果預算不足，也需要在拍攝前與製作團隊預先溝通拍攝內容。

例如，要製作一支禮盒裝的產品影片，我們需要提前考慮核心訊息是禮盒中的食品品類豐富，還是禮盒設計精緻得體，抑或是價位超值。

假如核心訊息為品類豐富，那麼一定要提前考慮應用什麼鏡頭與拍攝角度能突出豐富的品類，如何擺放能凸顯量多，是否需

要使用字幕加強效果，應該用什麼字體，字幕應放在什麼位置，字幕的位置會不會影響實拍的畫面構成。

假如精美禮盒是關鍵，要考慮如何表現其精美，禮盒應該放在什麼質感的桌面，是否需要以其他擺設映襯，是否需要近景拍攝讓使用者看清楚局部細節。

拍攝前思考清楚，拍攝時會更順利，更高效，也更輕鬆。

短影片的品牌或產品宣傳時長不一，手法多樣，然而，核心訊息永遠是中心點。例如，寶寶洗衣精的核心策略是專為寶寶訂製，能去除頑固汙漬。將核心訊息鎖定為寶寶專用，將創意核心訊息鎖定為「寶寶盡情玩，媽媽不怕髒」，便可以創造一系列有趣可愛的短影片。

天生愛玩的寶寶愛滿地打滾、玩泥巴、玩蠟筆，愛將食物灑在衣服上，愛拿起東西往自己身上塗抹……將這樣的片段拍成短影片，可以配合旁白：愛玩自然容易髒，愈愛玩，愈聰明，聰明的媽媽用某某洗衣精。

除了品牌與產品宣傳，企業宣傳片同樣離不開核心訊息。

如果企業已有品牌口號，不妨從品牌口號出發定義核心訊息。

假設一家醫藥企業是以「人與健康」為核心，可以「人」為著眼點，講述企業生產的藥品如何幫助人們活得更健康。

我們可以考慮用真實的個案為骨架，以講故事的方式，讓冷冰冰的藥品車間、先進的科研手段產生積極的意義。影片可以圍繞一些真實的故事，將企業的理念揉進其中。在構思影片與撰寫旁白的時候，要緊緊圍繞人的生命展開。

核心訊息的提煉來自洞察，來自對受眾的分析，來自對品牌與產品的深入理解，來自對受眾的渴望及品牌的承諾有清晰的認識。

先清楚「說什麼」，接著考慮「怎樣說」。

夠不夠有意思，決定了人們看不看

當文案，開放是
最保守的原則。

今天的影片創意給了文案更多創作空間。人們追求的是有意思、具有娛樂性的影片。娛樂性不局限於搞笑，溫暖的、刺激的、懸疑的、懷舊的全能娛樂大眾。至於內容是什麼，是個開放題。

例如，護膚品牌不一定只能出現緩慢的鏡頭、美美的畫面，也可以是幽默的，甚至是科幻的。只要將品牌與產品的核心訊息定義清晰，在傳播上統一調性便可以。最終，影片是否有意思，觀眾看不看才是第一關。

娛樂有各種形式，不同形式的影片需要不一樣的專才。要寫幽默好玩的內容，段子手比大部分廣告文案更具優勢。如果要講述一段半小時的故事，編劇比廣告文案更拿手。開始影片工作的時候，與合適的專才合作是聰明的做法。

合作不是委託，而是以別人之所長補自己的不足。

抽象思維必須落實到直觀畫面

不少文案寫影片文案時缺乏畫面感，主要是由於沒有畫面感的文字人們照樣可以理解。文案在寫的時候如果腦海中沒有想像具體的畫面，即使能寫出來，也很難拍出來。

舉個例子，文案為房地產專案的影片寫了以下創意：

一朵花到處尋覓，希望找到自己的理想家園。
花兒經過了許多地方都覺到不理想，
最後到達了某房產建案，終於絢麗綻放。

花兒到處尋覓是文字描述的意象。透過視覺語言表達，我們需要考慮：

- 這朵花兒到底怎樣去尋覓它的理想家園？是它自己懂得走路，還是有人手中捧著一朵花到處尋找，抑或是有人捧著一盆花到處幫它尋覓呢？
- 花兒經過了許多地方，那麼這些地方在哪兒？是城市的街角，還是樓高 30 層的密集社區？畫面該如何表達花兒覺得不滿意，是花兒在搖頭，還是花兒上面出現一個泡泡，上面寫著「不」？
- 花兒到達地產建案所在地，找到了理想家園，最後絢麗綻放。我們用什麼辦法表現它綻放的過程？是從影片庫找素材，還是透過電腦特效或動漫完成？

花兒的創意落在文字上充滿詩意，但當考慮視覺語言和拍攝方案時，便會發現其中的難度，甚至會質疑這樣的文字腳本在低預算、製作週期短的情況下，是否能順利完成。

無數廣告影片製作盲目上馬，最後陷入深淵，經常是錯在起點，錯在文案在構思的時候沒有做到「心裡有畫」，錯在影片腳本沒有清晰的畫面描述，更大的錯誤是許多文案以為能寫下來便能拍出來。

文案如何培養自己的畫面感？多看好電影，加強自己的視覺修養，培養自己掌握電影語言。同時，不妨閱讀畫面感豐富的文學作品，例如美國劇作家亞瑟·米勒創作的《推銷員之死》兩幕劇，畫面感十分強。作者對人物的動作與姿態有詳盡的描寫，甚至對音樂、燈光、場景、道具也有細緻的刻畫。我個人很喜歡看連環畫小說，例如尼克·德納索（Nick Drnaso）的作品便是精美的分鏡頭腳本，還有大家熟悉的電影《守望者》（Watchman），原著的連環畫亦十分精彩。將思維圖像化，是文案不可或缺的能力，缺乏這方面的能力，做出好影片無從談起。

寫影片文案，要心到，手到，更重要的是眼裡看到。

寫廣告詞要學會調動元素

廣告影片圍繞核心訊息鋪陳，廣告語是核心訊息的提煉。不管影片長短，廣告詞並非獨立存在，必須緊扣核心訊息，與畫面相互呼應。

先從畫面意象出發，後加文字描述，根據影片範本寫下或畫下，最後以廣告語總結傳播訊息。一旦大腦中出現畫面意象，廣告語會自然流出，躍然紙上。

舉例來說，我們要為好奇紙尿褲創作影片廣告，核心訊息是好奇紙尿褲舒適貼身，讓寶寶活動自如。影片內容的構思為活潑好動、穿上紙尿褲的小寶寶到處搗蛋，盡情玩耍。

我們可以採用不同的句子總結，可是核心離不開以下幾點：

- 寶寶活動自如
- 寶寶玩得好開心
- 讓寶寶玩得痛快

圍繞以上訊息，我的一位文案同事田靜將廣告語寫為：「好奇寶寶玩得好！」寶寶玩得好是產品賦予的核心利益點，好奇是品牌名自身擁有的資產。「好奇寶寶玩得好！」，既能描述活潑好奇的寶寶玩得開心，又能指出穿上好奇紙尿褲的寶寶玩得盡興。

以上這種方法就是調動元素。

要調動元素，先要找出所有相關元素。元素可能在畫面中，也可能在已定的核心訊息、品牌名字、調性、利益點或影片的情節中。例如，上面的廣告語「好奇寶寶玩得好！」便調動了好奇品牌的名字、畫面感以及產品賦予的核心利益。

調動元素是方法，需要刻意練習。練習需要時間與耐心，不可能一蹴而就。掌握好核心訊息，以核心訊息為起點向各個方向發散，嘗試用不同的句型表述，在這個過程中不要否定，想到什麼便寫什麼，最後定會大功告成。從練習中慢慢掌握手感，漸漸

可用的元素正等著你，你還等什麼？

便能培養判斷力，懂得好壞高低。

影片範本是必須的

　　許多文案在構思電視廣告的時候都會使用電視廣告範本，不僅圖文並茂，還能為工作理清思路。範本中左邊一欄為畫面描述，中間是畫面的勾線草圖，右邊寫上對聲音的描述。後來，大部分文案與美術編輯都偏向以文字描述情節大綱，使用圖片或影片作為參考，為的是提案比較容易通過。但這種方法對提高文案的畫面感形成了障礙。

　　使用圖片或影片參考提案，讓客戶更容易理解創意概念，無可厚非。提案可用參考照片與影片，但在工作中，建議文案使用上面提到的範本。使用影片範本的目的是運用工具培養畫面感。不懂得畫畫不要緊，畫下來讓自己明白即可。尤其是對時長有嚴格規定的影片，建議文案必須根據範本自己分鏡頭。短秒數的影片能放下多少情節，僅用文字描述會帶來極大的偏差，採用故事範本，在中間勾出畫面，能讓文案心中有數。

　　影片範本的另一優點是使文案在構思的時候能考慮聲音。在範本的中間畫下分鏡，在右邊寫下對聲音的描述，例如旁白應該在什麼地方出現，內容是否緊扣畫面，聲音與畫面是否配合，一目了然。如果能在聲音欄中寫下音樂的大致風格，在構思的時候考慮片子是使用歡快悠揚的旋律，節拍強勁的電玩，還是深情慢板的弦樂，有沒有人聲陪唱，更能為片子定下節奏與基調。

　　範本的形式如上面的描述，大家可以自己動手做一個，讓自己在構思的時候聲畫兼顧，利用居中的畫面空格強迫自己養成視覺思考的習慣。

**工具不論新舊，
只分好用與否。**

別對聲音不聞不問

聲音是許多影片比較弱的一環。事實上，我們擁有一流的聲音資源，包括專業的配音演員、作曲家、錄音師。由於大部分人對聲音不太重視，造成專業人才不能發揮專業的水準。

很多製作公司為了節省成本，對影片的聲音處理得比較馬虎。事實上，聲音是影片十分關鍵的部分。聲音的節奏相當於人的心跳，沒有節奏就像一個人沒有心跳；節奏混亂，相當於人的心律不正常。音樂配合聲效與旁白，能賦予影片律動，給予影片生命力，剪輯師可以根據律動進行剪輯，一切井然有序。

節奏如此重要，以至不少人喜歡用有節奏感的電玩音樂作為背景配樂，配合畫面豐富、鏡頭繁多的影片。節奏明快的電玩音樂方便剪輯，聽起來有現代感，一般不會引起客戶的不滿。因此，這類音樂成為許多廣告影片的標配。但標配的不足之處是千篇一律，沒有新意。

如果預算足夠，廣告影片的音樂最好量身訂製，請專業的作曲家為影片譜曲。假如預算不足，可從相關音樂網站挑選及購買音樂。選音樂，靠的是製作團隊和文案的音樂修養。天天聽音樂，培養良好的樂感和敏銳的聽覺，很有益處。

旁白是聲音的另一重要組成部分。專業的配音演員能夠根據畫面的節奏掌握語速，配合情節調整語氣和調門，令影片生色不少。國內有一流的旁白，可惜的是，一部分廣告與宣傳影片沒有產出一流的聲音。如果找到專業的人才，好好聆聽他們專業的意見，比盲目否定和不斷要求，能獲得更理想的效果。

我們有一雙眼睛兩隻耳朵，不應厚此薄彼。

簡單的產品影片也需要關注聲音的品質。假如影片是由主持人介紹產品，在挑選主持人時請同時挑選聲線。我在網上看到不少糟糕的例子，聲音品質之低，令人感慨。只要在錄影的時候稍加用心，便可以避免令人難受的回聲；演練的時候多在意一點，就不會出現不恰當的語速。

綜上所述，文案在處理影片專案時請謹記以下幾點：

- 前期準備是影片製作的重中之重。不要在拍攝的時候才準備，在該準備的時候休息。
- 掌握核心訊息是必須的。不清楚核心訊息而盲目進行，只會浪費人力、物力、財力和時間。
- 清楚影片的客觀時長以及最優時長，切忌放進過多內容。
- 寫下來不一定能拍出來，文案必須瞭解文字表述與視覺表達的差異，培養自己的畫面感，避免出現無法實現的空想。
- 必須清楚製作預算與週期，避免不必要的失望與挫折。
- 為影片定好調性，找個形容詞來描述它。
- 製作前與各方的溝通一定要充分，這是產生好結果的必要前提。
- 拍攝現場認真監督，以免後悔及補拍，為自己增加不必要的麻煩。
- 聲音為影片定節奏，賦予影片心跳與生命力，不可掉以輕心。

CHAPTER
17

提案 7 宗罪，
老實說你有沒有涉嫌？

有歌不能唱，有書沒空看，有戀愛沒時間談，
加班到半夜沒完沒了做 PPT 是不是你的日常？
將寶貴的青春獻給 PPT 實在有點不值當，
讓我們一起看看有什麼辦法可以更快更好地寫提案，
讓提案還給我們點青春，多給我們留些時間。

「口齒伶俐、能言善辯是了不起的藝術，
更為了不起的是知道什麼時候要閉嘴。」
　　　　　　　　　　　　——莫札特

寫撰案與寫標題有相通之處。兩者都是溝通，溝通有甲方與乙方，是雙方的事，所以我們可以利用前面提到的思考方法來處理提案文件，在動筆前考慮以下要點。

你在跟誰說話？

你的提案是給誰看的，是一個人還是一群人？

觀者對提案內容是否熟悉，能否掌握相關的背景，能不能理解其中的術語？

如果對方不瞭解背景，你需要在提案中有所考慮，如需要，提供相關附件加以補充。假如對方已對背景十分熟悉，請不要在檔案中重複，以免浪費雙方的時間。

你在跟誰說話？這是一個看似簡單卻經常被忽略的問題。我參與過無數的廣告方案提案會議，看過無數複製貼上客戶資料的檔案，浪費時間與感情。假如你沒有為客戶的資料提出具有建設性的分析與觀點，請勿無效重複。

提案精要勿重複，把握客戶知多少。

對方在什麼地方看提案？

你的提案是給一個人當面看，一群人在會議室看，還是透過微信發給個人或群組看？他們在什麼地方閱讀，關係到提案的內容。

如果當面遞交提案，文字必須十分精簡。提案中的文字是為了簡明扼要地表達你的觀點與看法，讓對方專心聆聽你的陳述。人們坐在會議室不是為了閱讀提案資料，而是為了聽取你的心得與觀點。

假如不是當面遞交提案，而是傳給對方審閱，那麼檔案需要適當調整，在不需要自己當面陳述的情況下，讓對方自行閱讀即能理解。

見面不見面，看見看不見，效果不可同日而語。

通常情況下是當面遞交提案，會議結束後留下資料文件供對方參考。請準備兩份檔案，一份為當面提案的精簡版本，另一份附件提供更詳盡的資料。

你的提案目的是什麼？

對方為什麼要聽你的提案？他期望從中獲得什麼？你是希望提出一個推廣方案，說服對方接受；還是彙報專案進展，總結季度資料？你的提案的目的是否與對方的需求相契合？

這個問題看起來很簡單，卻經常容易犯錯誤。無數人花了無數的時間做提案檔案，做好了才發現不是對方需要的，答非所問，白白浪費光陰。

想想別人要聽你的什麼，你就清楚要說什麼。

你提案的主題是什麼？

每個提案都需要一個主題。將提案的內容濃縮為主題，人們自會一目了然，例如：

- 2020 第一季銷售資料分析
- 如何創造極致用戶體驗
- 社群媒體 10 個大趨勢
- 快樂牌餅乾創意提案

一份檔案只包含一個主題，兩個主題需要兩份檔案，如此類推。寫的時候永遠要圍繞主題，如果發現當中有其他主題需要探討，請另起新檔，切勿讓提案超負荷。

檔案如人，切勿超負荷。

第一印象太重要

如果是競標提案，請在文件檔第一頁列明你公司的名稱及你的名字，精要即可，不要囉唆。很多公司在提案的最後才介紹自己，沒有考慮客戶在聽完提案後已經筋疲力盡，不會再有精力聽你自我推銷。

因此，自我簡介必須放在前面。第一眼的印象是最深刻的，開場一定要漂亮，令人一見難忘。

在第一頁用問句的標題方式做個互動開場，能吸引對方看下去。例如：

- 如何讓你的品牌成為傳奇故事？
- 怎樣才能讓老乾爹牌辣椒一炮而紅？

這樣的開場，比常見的自殺式競標提案法高明。自殺式提案常常是冗長的文件再加 5 頁的公司簡介，讓人大腦缺氧，眼角出水，強打精神點頭應付，到最後一個字都沒有記住。

競標提案的終極目的是拿下專案，接下來與客戶甜甜蜜蜜天天開會，互相深入瞭解。冗長絕對影響第一印象，導致客戶在會議結束之前就已忘掉你。

假如不是競標提案，用問句的標題方式暖場，也是一個好方法。例如：

- 競品威脅到我們了嗎？
- 這個月我們做了多少生意？

第一眼看不上，基本上就不用再說了。

提案簡報是販賣觀點的一種手段。如果你能清楚知道對方的需求是什麼，並在提案簡報檔的開頭提出來，將會增加會議的互動性，加強提案的吸引力。哪怕是日常提案，輕鬆的開場也可以讓氣氛更融洽，工作更順暢。開場後以清單形式列出提案的議程大綱，讓對方掌握會議的時間長短，預設好期盼值。

想一想……
___

你上次的提案是怎麼開場的，可以改進嗎？

要點需要講邏輯

定好主題後馬上搜集所有資料，逐一整理為要點，排列先後次序。找要點的做法與做海報整理賣點相同，需要運用理性與邏輯。

要點有時候是從個別到總體的遞進式歸納論證，有時候是平行並立的論述，最後得出若干條結論或總結。在列要點的時候，思考一下需要應用什麼邏輯，能讓你的工作更有效率、更順暢。

如果要點與主題無關，請當機立斷，馬上刪掉。

找出要點後馬上用精煉的文字表達出來。寫好之後再三檢查，果斷刪除多餘字眼。

精簡前：第一季度商品銷售數據
精簡後：第一季銷售數據

精簡前：競爭對手在賣場進行落地推廣活動，搶占市場占有率
精簡後：競品賣場推廣搶市占

精簡前：線下 360 度全方位推廣手段
精簡後：線下 360 度推廣

人們選擇 PPT 而不看 Word 檔，是為了節約時間。寫提案檔案，節約用字是節約時間的重要手段。所以要點必須濃縮，長話一定短說。

好簡報講道理，壞簡報胡攪蠻纏。

> **想一想……**
>
> **拿出你上次的提案檔，看看文字是否精鍊。**

要點之下有論據

每個要點的論據是什麼，必須清晰寫下。

要點是骨，論據是肉。沒有骨，便散架；沒有肉，只剩骷髏。

充分有力的論據才能支持要點，空泛而牽強的論據只會影響效果，必須捨棄。最簡單的方法是檢驗要點與論據之間是否存在因果關係，是否因為有了某個論據而導致某個要點。如果二者不存在這重關係，需要審慎考慮是否保留該論據。

要把舞台留給自己

切勿使用完整的句子表達論據，不要將你在會議中要講的話完整地寫進提案檔中，因為你不是站在螢幕前讀提案資料。如果你將所有內容都寫進提案檔案，人們看著 PPT 檔案便能很快讀完，不會再聽你說下去。

投影片不能以長句子書寫，更不應寫成大的段落，滿眼是字。

PPT 的優點是一目了然，所以必須簡明扼要；缺點是訊息量有限，不能鋪敘陳述。

PPT 字數宜少不宜多，訊息貴精不貴多。我們必須做到簡明扼要，文字要做到一個字都不能多，才能發揮 PPT 的優勢，真正用好它。

使用列點（bullet point）是一個羅列論據與內容的好辦法。列點的優點是條理分明，方便理解。

只有把觀點交給對方，舞臺才會留給你。

- 列點的文字必須精簡，刪除多餘，只留必要。
- 每張 PPT 不能多於 4 個列點。
- 如果你有 6 個列點，請放兩張 PPT。
- 多添一張 PPT 不用花錢，也花不了多少時間，卻能換來清楚明晰的好效果。

簡潔是最低要求，亦是最高標準

使用圖片能使提案檔案更有看頭，讓內容更有趣生動，同時為文字增添分量。請在適當的地方加上合適的圖片，讓簡報檔更吸引人。

假如採用顏色背景，可用黑色背景配淺色的字，或是白色背景配深色的字，力求清晰、反差不刺眼。背景不要採用漸變色彩或過於複雜的圖案。字體最好只用一種，不要超過兩種，不要使用立體字，字體無須加邊，不要加陰影。

如果不是專業平面設計師，請不要浪費時間在無謂的花哨與裝飾上。

太多便太滿，太滿則必反。

提案檔案的版型，簡潔是最低要求，亦是最高標準。

完美收官

最後逐句檢查，若有贅字長句，一律刪除，要一刪再刪。

如果提案檔內容比較多，可以在檔案的結尾做個總結，讓對方記住提案的關鍵資訊很有益處。

假如需要對方採取行動並與你聯繫，可直接寫上讀取檔案的連結和聯繫方式。

附上自己的一張有趣的頭像也未嘗不可。

本部分內容本不屬於文案的範疇。基於我在工作中經常看到令人撓頭的提案簡報檔，所以加上這個小章節與大家分享。上面提到的是一些正面的建議，下面列出提案檔 7 宗罪，讓我們互相監督。

提案簡報檔 7 宗罪

第 1 罪：鋪天蓋地都是字
....

不能滿眼全是字。清晰的 PPT 每頁不應超過 5 行，如使用列點，不要多於 4 點。

第 2 罪：說什麼就寫什麼
....

請勿將你在提案中要說的每句話都寫進簡報檔裡。如果人們看到的與聽到的一樣，誰還會聽你說？

第 3 罪：迷迷糊糊、稀裡糊塗
....

提案簡報的目的不清晰，沒有在開頭說明，也沒有在總結中交代清楚。結果對方不知道該看什麼，你也不清楚自己要寫什麼。

第 4 罪：觀點論據互相找不到
....

觀點必須有論據，論據必須有理有據，充分為觀點佐證。

第 5 罪：沉悶得讓人哈欠連天
....

沉悶是失敗之母。伏爾泰不厭其煩地告訴我們：「沉悶的祕密是事無巨細，全盤端出。」

第 6 罪：複雜到讓人想自殺
....

顏色過多，特效過多，字體過多，像在打內戰，一切在互相干擾中倒下。

第 7 罪：只想給自己看

寫給自己看容易看得太近，導致圖表複雜看不明，字體太小看不清，自說自話沒人懂。

後記

　　我是不記年月的人，對時間從來沒有清晰的概念。忘了是哪一年，奧美廣告給我頒了 20 年紀念金牌，這才恍然知道自己在這家公司工作了那麼長時間。我從香港奧美到北京是 90 年代某年的一個小雪天，印象中好像是剛過春節正式上班，成為奧美北京第一任創意主管。兩年後我離開，先後到了當年幾家赫赫有名的 4A 廣告公司當創意主管，分別是智威湯遜、達彼思與盛世長城。之後我到了上海，後又轉回北京，重歸奧美。

　　我記得當年重回奧美，跟集團的大領導宋秩銘先生面談，提出自己不想到奧美廣告當創意部主管，而希望去奧美集團旗下規模較小的公司。在 4A 廣告公司，只要一個人具備相當資歷，公司都會讓他晉升為主管。一旦成為主管就進入了管理層，主要的工作不外乎點評創意，安排人事，處理員工的升職加薪，參加集團的各種會議，出席大客戶的提案，管理各種碎事。當一個人被這些事兒占得滿滿當當，便會失去創作的時間，根本無緣做大事，從事自己熱愛的工作。小公司人少，管理工作很輕，自然能讓我回到具體的創意文案工作當中。

　　精明的宋先生斷然拒絕了我的要求。我只好重操舊業，又當

起創意部主管，每天被上面提到的事情壓得喘不過氣。幸好幾年後上天眷顧，我害了一場大病，順勢向公司提出由於健康理由，不能勝任原職位，要求公司讓我當首席文案總監，卸掉許多麻煩事，可以名正言順創作文案。

我一直留在廣告行業的唯一原因是我喜歡寫文案。文案的工作讓我學會如何思考，懂得用謀略看世界，知道如何欣賞身邊美好的事物，還可以借工作之名去做人們在業餘時間才能做的事情，例如上班時間看電影、聽音樂、翻看設計書、聊閒篇兒。

更何況寫字是人生快事。文案的工作雖是為達成客戶的生意目標而進行商業創作，我卻常常借客戶的金錢去表達自己心中所想，借紙練字。這類事情往往是不經意的，要不然在道德上有點說不過去。

有時候路過一塊看板，看見自己做過的專案、寫過的一句話出現在大街上，便意識到原來自己那麼幸運，竟然能在大庭廣眾之下短暫留下自己的思想痕跡。一句文案的背後埋藏著我對生活的感悟，對世界的看法，這些看法與感悟也許來自某個下午我讀過的一本書，某個人對我說過的一句話，或者那些塵封在思維角落的零星碎片。透過商業資本能在鬧市中與自己的思想不期而遇，哪怕只是輕輕一瞥，也讓我感到神奇詫異，感到這職業不一般，是世間難求的好工作。

在此必須補充一點，透過出街作品表達自我並非常態，這種情況少之又少。我以為許多從事商業創作的同行對工作產生怨言，其中的關鍵原因是把出街的作品看成工作的唯一成果。事實上，只要我們把文案創作的成果重新定義，便會減輕負面的想法，工作帶來的愉悅俯拾皆是。

我一直採用魯迅先生創立的精神勝利法。我認為文案創作的工作成果並非作品出街，出街的作品牽扯甚廣，創作的原貌經常大打折扣。於我而言，當文案的工作成果不在於實現想法，而在於誕生想法。

文案的收穫是每一天每一時在工作中浮現的每一個構思，寫下的每一個字，能想出來並寫出來就已經足夠美妙，哪怕這些想

法或文字可能基於一些莫名其妙的原因沒機會呈現在客戶面前，或是專案突然被叫停，又或者不被審批通過，等等。我覺得沒實現的想法不被干擾反而能保留它的價值與純粹，想法實現後變得面目全非往往是更大的遺憾。所以，不管最後結果如何，都不會影響我從創作過程中獲得樂趣，我的愉悅從不被這些破事打擾。

此外，廣告文案的肚子必須是個雜貨鋪，從業人員要具備多方面的基本素養：視覺審美、音樂修養、對社會思潮的認知、對人性的理解、邏輯分析能力、駕馭文字的基本功等等。這些知識與技能都是我渴望學會並掌握的，更是我喜歡的。就我個人來說，如果不是當廣告文案，我哪兒有機會學習電影語言，怎麼會涉獵畫面與配樂的關係，更沒有機會認識一些優秀的設計師，學會欣賞字體設計，懂得看畫面構成。當廣告文案，讓我起碼都學會了一點點，哪怕是皮毛，也會令自己欣慰，這是幸福的另一面。

寫文案令我醉心的還有永遠在設想跟對方談話，在一對一聊天，就像我現在看到你坐在我的面前，你彷彿是當年的我。你似乎知道什麼是品牌，又好像不大清楚；你對寫文案毫無頭緒，不知道靈感何時降臨；你的工作量排山倒海，正苦惱從哪裡可以找到便捷的寫法作為參考；從來沒去過攝影棚的你，不知道拍宣傳影片該注意什麼；你要寫人生第一張海報，卻不知道怎樣開頭。

感謝你賦予我這個機會，給我提出那麼多的疑問，讓我知道你心中的困惑，督促我尋找趕走這些煩惱的方法。

我不會騙你說寫文案很容易，因為如果事情太容易，就沒什麼意思；我也不會告訴你寫文案很簡單，因為如果事情太簡單，人人都能做到，你我的價值何在？

我希望透過閱讀書中的內容，加上你的刻意練習，你能收穫當文案的樂趣，並由衷地說出：文案不難。

林桂枝

致謝

　　書中的觀點並非全為我個人所創，特此感謝快手、抖音、B站的各位 UP 主，淘寶、京東及其他電商平臺無數的賣家和買家的啟發，以及以下網站及作者的指導：

www.hupspot.com
www.forbes.com
www.neilpatel.com
www.copyblogger.com
www.meduim.com
www.quicksprout.com
Rory Sutherland. Alchemy: the Dark Art and Curious Science of Creating Magic in Brands Business, and Life. William Morrow, 2019.
Steven Pinker. The Language Instinct: How the Mind Creates Language. Penguin Books, 2015.
Faris Yakob. Paid Attention: Innovative Advertising for a Digital World. Kogan Page Stylus, 2016.
Seth Godin. This is marketing: You Can't Be Seen Until You Learn to

See. Portfolio Penguin, 2018.

Simon Sinek. Start with Why: How Great Leaders Inspire Everyone to Take Action. Portfolio Penguin, 2019.

　　最後感謝為本書寫序與推薦的東東槍、宋秩銘、葉明桂、鄧志祥、張艾嘉、李誕、李智、王家傑、陳思諾、顏祖、歐陽立中；感謝中信出版集團的編輯趙輝與張飆的全力支持。

Top
014

秒讚：	
	文案女王教你寫入心坎，立刻行動的文案力

作　　者	林桂枝
責任編輯	魏珮丞
封面設計	萬勝安
內頁設計	井十二設計研究室
排　　版	JAYSTUDIO
總編輯	魏珮丞
出　　版	新樂園出版／遠足文化事業股份有限公司
發　　行	遠足文化事業股份有限公司（讀書共和國集團）
地　　址	231 新北市新店區民權路 108-2 號 9 樓
郵撥帳號	19504465 遠足文化事業股份有限公司
電　　話	（02）2218-1417
信　　箱	nutopia@bookrep.com.tw
法律顧問	華洋法律事務所 蘇文生律師
印　　製	呈靖印刷
出版日期	2021 年 10 月 14 日初版一刷
	2024 年 01 月 05 日初版四刷
定　　價	450 元
I S B N	978-986-06563-6-7
書　　號	1XTP0014

・新樂園粉絲專頁・

國家圖書館出版品預行編目 (CIP) 資料

秒讚：文案女王教你寫入心坎，立刻行動的文案力 / 林桂枝 著 .-- 初版 .-- 新北市：新樂園出版，遠足文化事業股份有限公司出版，2021.10
352 面；17 × 22 公分 ——〔Top；14〕
ISBN 978-986-06563-6-7（平裝）
1. 廣告文案 2. 廣告寫作

497.5
110014706